减脂沙拉·能量碗

【法】苏菲·德普丽·高缇耶 著

【法】纪尧姆·孔泽尔 摄影

张紫怡 译

電子工業出版社

Publishing House of Electronics Industry

北京·BEIJING

全餐沙拉，助你健康快乐的好伙伴！

天气好的时候，要吃得健康、清淡的愿望呼之欲出！就让沙拉卷土归来吧。在冬天，这种菜式还没那么吸引我。即使是在夏日的午后略有饿意时，我也会在吃沙拉还是别的零食间摇摆不定。

但是如果是“全餐”的话，沙拉就可以反转逆袭！

风靡于欧洲的“全餐沙拉”不仅集合了三种不可或缺的营养元素（蛋白质、脂肪和碳水化合物）为一体，还有纤维和大量的维生素和矿物质，让你的身体保持健康。

完全可以当作一餐的全餐沙拉应该包含：

生鲜或做熟的蔬菜，以提供纤维；

淀粉类，以提供能量源泉；

蛋白质，以构成肌肉组织；

少量的脂肪，以使大脑良好运转。

不管是一人食还是和朋友、家人一起享用，全餐沙拉都是独一无二、均衡又美味，且充满能量的一道主食代餐。

要制作健康的沙拉，记得要加入低热量却富含微量元素的佐料：大蒜、小洋葱、香草、香料……

天气炎热的时候，可以选用生鲜食材（蔬菜、生鱼肉），而在冬天，可以选择像南瓜和土豆这种能给你带来更多能量的块茎类食材。

烹饪淀粉类主食和燕麦通常耗时略久，那么就安排好时间，提前烹煮。可以盛放在密封盒里，放入冰箱冷藏，这样可以保鲜好几天。

别忘了，沙拉的酱汁也可以时常换新：橄榄油、核桃油、柠檬汁、油醋汁……而且酱汁也可以提前制作哦！

纯素食主义者、一般素食主义者、弹性素食主义者、肉食主义者……都会轻而易举地找到属于你的那一款沙拉。

拿出创造力，一起来制作无限个性化的全餐沙粒和能量碗吧！

目录

冬 I WINTER

唐杜里鸡肉珍珠麦西蓝花沙拉

4人份 · 准备时间: 15分钟 · 烹饪时间: 12分钟 · 实惠之选

原料

鸡胸肉 400克
黄油 20克
唐杜里香料 2汤匙
西蓝花 200克
腰果 60克
香菜 4枝
珍珠麦（熟） 600克

油醋汁做法
橄榄油 4汤匙
意大利白酒醋 4汤匙
盐、黑胡椒碎

做法：

1.将鸡胸肉切成条。在平底锅里将黄油融化，放入鸡肉条，撒上唐杜里香料，不断翻炒10分钟。

2.将西蓝花洗净，切成薄片。香菜洗净后沥干水分，切碎。

3.在热平底锅里干炒腰果2分钟，注意不要炒糊。

4.将橄榄油、意大利白酒醋、盐、黑胡椒碎混合调制成油醋汁，要充分搅匀。

5.将所有食材都放入沙拉盆里，倒入油醋汁搅拌，最后撒上香菜碎。

注：唐杜里香料（Tandoori Masala）为印度知名香料混合物，在大型超市有售，也可网购瓶装的成品。也可混合自己喜欢的口味的香料代替。唐杜里鸡为一种传统印度菜肴。珍珠麦在大型超市均有售，也可网购。

菲达芝士
小辣肠沙拉

4人份 · 准备时间: 15分钟 · 烹饪时间: 8分钟 · 实惠之选

原料

蚕豆（去皮） 800克
小辣肠 160克
菲达芝士（Feta Cheese） 240克
薄荷 4枝

油醋汁做法
橄榄油 6汤匙
意大利白酒醋 3汤匙
盐、黑胡椒碎

做法:

1.将蚕豆放入锅中隔水蒸7~8分钟。

2.把小辣肠的外皮去掉，切成小条。

3.将菲达芝士切成小块，洗净后沥去多余的水分。薄荷切碎。

4.将橄榄油、意大利白酒醋、盐和黑胡椒碎混合调制成油醋汁，并静待其慢慢乳化。

5.将所有食材都放入沙拉盆，浇上油醋汁，即刻享用。

春
SPRING

考伯沙拉

4人份 · 准备时间：30分钟 · 烹饪时间：20分钟 · 明智之选

原料

鸡蛋 2个
番茄 2个
培根 4片
鸡肉 160克
牛油果 1个
生菜 1棵
苦苣菜 1大棵
洛克福羊乳干酪（Roquefort cheese）80克

酱汁做法

小葱 10根
大蒜 1瓣
意大利白酒醋 4汤匙
蜂蜜 4汤匙
蛋黄酱 4汤匙
洛克福羊乳干酪 20克
橄榄油 4汤匙

做法：

1.鸡蛋煮熟，冷却后剥壳。

2.番茄洗净，去蒂，每个都平均切成6块。

3.用平底锅将培根煎至金黄，煎3分钟后翻面再煎3分钟。

4.牛油果削皮后切成小丁。生菜、苦苣菜冲洗、沥水后切成大块。

5.将洛克福羊乳干酪切碎。

6.准备酱汁：小葱洗净后沥干水分并切碎。大蒜切细末。将所有的食材混合在一起，加入盐、黑胡椒碎。

7.将各种食材以你认为和谐的方式进行摆盘。浇上酱汁，马上开动吧！

春
SPRING

4人份 · 准备时间: 15分钟 · 烹饪时间: 9分钟 · 实惠之选

原料

多色意大利面 200克
樱桃番茄 12个
熟羊腿肉 120克
薄荷 2枝
香菜 2枝
熟鹰嘴豆 150克
蛋黄酱 4汤匙
辣椒酱 1咖啡匙
大蒜粉 半咖啡匙
盐、黑胡椒碎

做法:

1.将意大利面煮熟。熟羊腿肉切成块。

2.樱桃番茄洗净、沥干水分，每个都切成两半。

3.薄荷和香菜洗净、沥干水分，留叶子备用。

4.将蛋黄酱、辣椒酱和大蒜粉混合在一起，再加入盐、黑胡椒碎。将所有食材放入沙拉盆里搅拌，即刻享用。

鹅肝
大黄沙拉

4人份 · 准备时间: 20分钟 · 冷冻时间: 1小时 · 昂贵之选

原料

鹅肝 80克
全麦面包 4片
橄榄油 3汤匙
果醋 2汤匙
混合生菜 100克
大黄 1小根
迷迭香 4小枝
盐、黑胡椒碎

做法:

1.将鹅肝放入冰箱冷冻1小时。

2.用平底锅烘烤一下全麦面包。将橄榄油和果醋混合调制成油醋汁。

3.将混合生菜洗净、沥干水分。冲洗大黄，将其切成薄片。

4.从冰箱冷冻室中取出鹅肝，切成薄片，依次放在面包片上。再放上大黄片、迷迭香、盐和黑胡椒碎，浇上油醋汁，马上享用。

春
SPRING

海苔蛋卷

4人份 · 准备时间: 25分钟 · 烹饪时间: 3分钟(鸡蛋卷) · 实惠之选

原料

海苔 8片
混合生菜 80克
鼠尾草叶 16片
鸡蛋 8个
黄油 10克
黑胡椒碎

油醋汁做法
核桃油 2汤匙
意大利白酒醋 3汤匙

做法:

1.将核桃油和意大利白酒醋混合搅拌,调制成油醋汁。

2.将海苔片一切为二。将混合生菜和鼠尾草叶洗净、沥干水分。

3.把鸡蛋打散,撒上黑胡椒碎调味。在平底锅里将黄油融化,倒入蛋液摊成8个薄蛋卷。

4.在每个蛋卷上放上两片海苔、一片鼠尾草,向内卷起来。卷好后把每个蛋卷切成两半,用牙签固定。用同样的方法,制成16个小鸡蛋卷。

5.在每个盘子里都摆放一些混合生菜和鸡蛋卷。浇上油醋汁,即刻享用。

Tips

无需放盐,因为海苔本身已经很咸了。

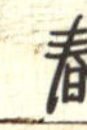

越南煎饼

4人份 · 准备时间: 30分钟 · 烹饪时间: 3分钟(做煎饼) · 明智之选

原料

煎饼做法
木薯粉 150克
玉米淀粉 1咖啡匙
盐 半咖啡匙
姜黄粉 1咖啡匙
椰奶 100毫升
带苗的鲜洋葱 4个
虾 200克
小红辣椒 1个
花生酱 1咖啡匙
鱼露 3汤匙
沙拉菜 数种
薄荷 4枝
香菜 4枝
豆芽菜 80克
青柠檬 1个

做法:

1.将木薯粉、玉米淀粉、盐和姜黄粉混合。加入2250毫升水和椰奶,再加入切得很碎的洋葱苗。将以上食材搅拌均匀直至形成煎饼浆。

2.在不粘平底锅中煎煎饼,每张煎饼煎3分钟。

3.把虾皮剥下,煮虾。将小红辣椒里的籽取出,再将辣椒切碎。

4.将花生酱和鱼露搅拌在一起,备用。

5.洋葱切碎,沙拉菜洗净、沥干水分。薄荷和香菜洗净、沥干水分,只取叶留用。

6.将所有食材放在煎饼上。青柠檬切成4块挤汁。吃的时候可以搭配花生酱。

Tips

这是一种源自越南的菜式,如果你喜欢也可以将虾肉换成猪肉。

春之面
沙拉

4人份 · 准备时间: 15分钟 · 烹饪时间: 9分钟 · 实惠之选

原料

细面 280克
绿豆角 120克
大蒜 1瓣
柠檬 半个
松子仁 40克
绿豆（熟）60克
西葫芦 1个
罗勒 10叶

油醋汁做法
橄榄油 4匙
西班牙红酒醋 2汤匙
盐、黑胡椒碎

做法:

1.将面煮熟，沥干水分，用凉水冷却。

2.锅中加水，煮沸，加盐，将绿豆角放入水中煮7分钟，捞出后晾凉。

3.大蒜剁碎。半个柠檬切成小块。

4.在热平底锅里干烤松子仁2分钟，注意不要烤焦了。

5.西葫芦洗净、沥干水分，切成细丝。

6.将橄榄油、西班牙红酒醋、盐和黑胡椒碎混合调制成油醋汁。

7.将所有原料混合，浇上油醋汁。罗勒叶洗净、沥干水分，切碎后撒在沙拉上。

春

SPRING

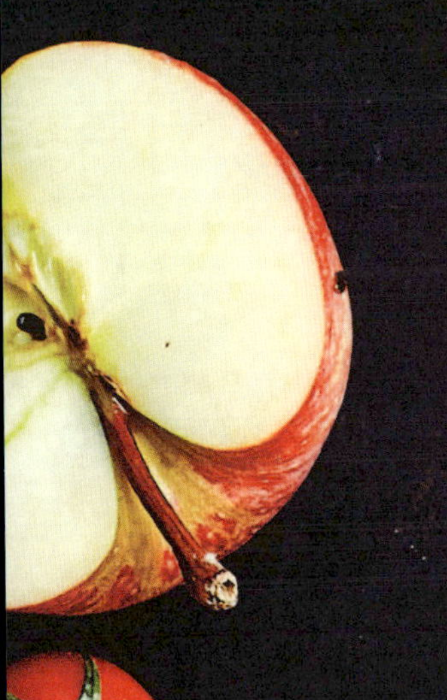

库斯库斯
苹果荷兰豆沙拉

4人份 · 准备时间: 15分钟 · 烹饪时间: 20分钟 · 实惠之选

原料

库斯库斯（cous cous）280克
白蘑菇 200克
荷兰豆 80克
橄榄油 2汤匙
樱桃番茄 8个
苹果 1个
牛肉干 100克
帕尔马干酪碎 20克

油醋汁做法
橄榄油 4汤匙
果醋 2汤匙
盐、黑胡椒碎

做法:

1.锅中加入大量水，将库斯库斯放入煮20分钟，捞出，沥干水分后晾凉备用。

2.将白蘑菇洗净，切成薄片。荷兰豆洗净，每个一切为二。

3.平底锅中加入2汤匙橄榄油，大火翻炒白蘑菇和荷兰豆3~4分钟。

4.将樱桃番茄和苹果洗净、沥干水分。将苹果切成4瓣，去除果核和籽后再切成薄片。将每个樱桃番茄切成两半。

5.将橄榄油、果醋、盐和黑胡椒碎混合调制成油醋汁。

6.在大沙拉盆里将各种食材混合，浇上油醋汁，根据口味加入盐和黑胡椒碎，撒上适量帕尔马干酪碎。

注：库斯库斯为中东及北非地区家常主食，可网购。

鸭肉奶酪
越南春卷

4人份 · 准备时间: 25分钟 · 烹饪时间: 12分钟 · 明智之选

原料

黄油 15克
越南春卷皮（米纸） 4张
鸭胸肉 32片
腌酸黄瓜 16根
芝麻菜 120克
栗子 12颗
孔泰奶酪（comté） 240克

油醋汁做法
橄榄油 4汤匙
核桃醋 2汤匙
盐、黑胡椒碎

做法:

1.将黄油融化。用刷子将春卷皮的两面都涂上黄油。

2.将孔泰奶酪分别切成约15克的细柱状。去掉鸭胸肉上的肥肉部分。将每个腌酸黄瓜从中间一切为二。

3.把每张春卷皮切成4份，将圆的部分向直的部分折一下，以形成一个长条。

4.在每张春卷皮上放上一片鸭胸肉，覆盖上一块孔泰奶酪、半根酸黄瓜，再放上一片鸭胸肉和半根酸黄瓜。用同样的方法将所有的春卷皮都包成春卷。

5.将春卷卷起，依次放在铺好烘焙纸的烤盘上。

6.烤箱预热至180℃，将春卷放入烤箱加热10~12分钟，直至春卷外皮呈金黄色。

7.在此期间，将芝麻菜洗净、沥干水分。栗子晾干。将橄榄油和核桃醋、盐、黑胡椒碎混合调制成油醋汁，充分搅拌。

8.在盘子里放上芝麻菜和栗子，浇上油醋汁，放上热春卷，即刻享用。

芦笋
烤三文鱼枫糖沙拉

4人份 · 准备时间：10分钟 · 烹饪时间：18分钟 · 明智之选

原料

芦笋 1捆
燕麦 100克
三文鱼 400克
黄油 20克
枫糖浆 4汤匙
黑麦面包 2片

油醋汁做法
橄榄油 4汤匙
西班牙红酒醋 2汤匙
盐、黑胡椒碎

做法：

1.将芦笋根部切除，隔水蒸7~8分钟后，浸在装满冰水的盆里冷却。

2.在锅中将燕麦煮至熟而不烂且带嚼劲，取出、沥干水分。

3.用凉水冲洗三文鱼块，再用厨房纸将鱼身水分吸干，切成小块。

4.在平底锅里将黄油融化，加入枫糖浆和三文鱼块，大火翻炒3~4分钟，直至三文鱼外呈金黄、内呈粉色。

5.将黑麦面包片切成数小块，在烤箱里加热4~5分钟，使其呈金黄色。

6.将橄榄油和西班牙红酒醋、盐、黑胡椒碎混合调制成油醋汁，充分搅拌。

7.将所有食材混合搅拌，浇上油醋汁，即刻享用！

鸡肉藜麦
海藻塔塔沙拉

4人份 · 准备时间: 10分钟 · 烹饪时间: 18分钟 · 明智之选

原料

藜麦280克
鸡肉 400克
黄油 15克
芝麻菜 两把
多色樱桃番茄 8个
腌柠檬 半个
稍稍变硬的法棍面包 半根
海藻塔塔（抹酱，瓶装） 100克

油醋汁做法
橄榄油 4汤匙
西班牙红酒醋 2汤匙
盐、黑胡椒碎

做法:

1.用冷水反复冲洗藜麦（以去除苦涩的口感），将藜麦放入加了盐的滚水里煮12分钟，沥干水分后再用凉水冲洗，晾凉。

2.将鸡肉切成条。在平底锅里将黄油融化，放入鸡肉条煎10分钟，煎至鸡肉两面都呈金黄色。

3.芝麻菜和樱桃番茄洗净，沥干水分。将樱桃番茄一切为二。腌柠檬切成小块。

4.将橄榄油和西班牙红酒醋、盐、黑胡椒碎混合调制成油醋汁，充分搅拌。

5.将法棍面包切成1厘米厚的片，在烤箱里烘烤一下使其呈金黄色，然后在面包片表面涂上海藻塔塔。

6.将藜麦、芝麻菜、腌柠檬、樱桃番茄混合搅拌，浇上油醋汁，搅拌均匀。放上鸡肉和面包片，立即享用。

Tips

不要加太多盐，腌柠檬和海藻塔塔已经是咸味的了。

春

SPRING

春日
鱼生沙拉拌饭

4人份 · 准备时间：20分钟 · 腌制时间：30分钟 · 烹饪时间：15分钟 · 明智之选

原料

米饭 280克
鳕鱼 400克
橄榄油 4汤匙
辣香料 2汤匙
牛油果 2个
芒果 200克
香菜 4枝

油醋汁做法
橄榄油 4汤匙
意大利白酒醋 2汤匙
盐、黑胡椒碎

做法：

1.米饭煮熟，晾凉。

2.牛油果切两半，去核，果肉切成小丁或者薄片。芒果去皮，切块。

3.用凉水冲洗鳕鱼，用厨房纸吸去多余水分，再将鱼肉切成块。

4.在盘子里倒入橄榄油和辣香料，搅拌，再放入鱼块令其裹上香料。包上保鲜膜置于冰箱中冷藏30分钟。

5.将橄榄油和意大利白酒醋、盐、黑胡椒碎混合调成油醋汁，充分搅拌。

6.加热平底锅，倒入少许橄榄油，放入鱼块，盖上锅盖，将鱼块的两面各煎3分钟。

7.将米饭放入碗中，加入鱼块、牛油果和芒果，浇上油醋汁，搅拌后撒上洗净切碎的香菜，即刻享用。

奶酪
牛油果泥椰奶
青豆沙拉

4人份　准备时间：20分钟　明智之选

原料

芝麻菜 4把
牛油果 2个
椰奶 400毫升
布拉塔奶酪（Burrata Cheese）250克
烤榛子 4汤匙
烤杏仁 4汤匙
青豆 8汤匙
百里香 4汤匙
橄榄油 4汤匙
盐、黑胡椒碎

做法：

1.芝麻菜洗净，沥干水分。

2.牛油果去皮，取出果核。将牛油果果肉与椰奶混合搅拌。

3.将布拉塔奶酪切成4块。把烤榛子和杏仁捣碎成大块。

4.将牛油果泥平均放入4个空盘子中作垫底，每个盘中再各放入1块布拉塔奶酪。再放上芝麻菜、青豆、榛子杏仁碎和百里香。撒上适量盐、黑胡椒碎，浇上橄榄油，马上开动！

三文鱼
茴香头意面

4人份 · 准备时间：25分钟 · 烹饪时间：10~12分钟 · 明智之选

原料

全麦意大利面 240克
生三文鱼 200克
烟熏三文鱼 80克
茴香头 1个
芝麻 2汤匙
莳萝 数枝

油醋汁做法
酱油 4汤匙
芝麻油 3匙
日本醋 2汤匙
盐、黑胡椒碎

做法：

1.将全麦意大利面煮至弹牙的软度，沥干水分。

2.将生三文鱼在冷水下冲洗干净，用厨房纸将鱼身表面的水分吸干，切成小块。将烟熏三文鱼切成1厘米厚的片。

3.将茴香头外皮剥去，切成薄片。

4.将制作油醋汁的所有材料混合搅拌。

5.将意大利面、三文鱼和茴香头混合，浇上油醋汁，撒上芝麻和莳萝碎，即刻享用。

春
SPRING

鳕鱼
牛油果萝卜沙拉

4人份 · 准备时间: 20分钟 · 烹饪时间: 20分钟 · 实惠之选

原料

鳕鱼 400克
牛奶 500毫升
混合生菜 120克
牛油果 2个
水萝卜 5个
榛子 40克

油醋汁制法
青柠檬1个挤汁
橄榄油4汤匙
欧芹 4枝
盐、黑胡椒碎

做法:

1.将鳕鱼放入500毫升水与500毫升牛奶的混合液体中煮15分钟，沥干水分后剥去鱼皮，切成1~2厘米宽的鱼块。

2.混合生菜洗净，沥干水分。牛油果去皮去核后，将果肉切成片或小块。

3.水萝卜洗净，切成薄片。在平底锅中烘烤榛子约3分钟，之后将其捣碎。欧芹洗净，沥干水分，切碎。

4.将柠檬汁、橄榄油、欧芹碎混合调制成油醋汁，再加入盐、黑胡椒碎，充分搅拌。

5.将所有食材都放入沙拉盘，浇上油醋汁，即刻享用。

凯撒沙拉

4人份 · 准备时间：25分钟 · 烹饪时间：12分钟 · 实惠之选

原料

法棍面包 1根
鸡肉 320克
黄油 15克
白砂糖 1咖啡匙
橄榄油 2汤匙
莴苣叶 适量

<u>白汁制作原料</u>
大蒜 1瓣
蛋黄 1个
黄芥末酱 1咖啡匙
橄榄油 80毫升
意大利白酒醋 25毫升
伍斯特酱汁 1咖啡匙
帕尔马干酪 60克
欧芹 数枝
盐、黑胡椒碎

做法：

1.将法棍面包切成约5毫米厚的片。将鸡肉切成片。

2.在平底锅里将黄油融化，放入鸡肉片，大火煎4分钟使其两面呈金黄色，再把火力调小继续煎4分钟，撒上白砂糖使其焦化约1分钟。

3.将鸡肉盛出，锅中加入2汤匙橄榄油，放入面包片煎至金黄，约3~4分钟。

4.将莴苣叶洗净后沥干水分，再切成3~4厘米长的段。

5.制作白汁：大蒜去皮，用压蒜器将蒜压碎。在碗中放入蛋黄、黄芥末酱、盐和黑胡椒碎，充分搅拌直至调和均匀。在蛋黄酱中加入少许橄榄油打发至黏稠，加入意大利白酒醋和蒜末，酱汁会变白成为液体。将一半的帕尔马干酪擦成碎，再加入白汁和伍斯特酱汁。

6.将所有食材放入沙拉盘，撒上剩下的帕尔马干酪，马上开动！

注：伍斯特酱汁（Worcestershire Sauce）为一种知名调味汁，在大型超市有售。

咖喱虾
菠萝芒果黑米饭

4人份 · 准备时间: 25分钟 · 腌制时间: 30分钟 · 烹饪时间: 45分钟 · 明智之选

原料

印度葛拉姆咖喱粉（Garam Masala）1汤匙
橄榄油 5汤匙
虾（去皮）240克
黑米 240克
菠萝 160克
芒果 160克
混合生菜 适量
青柠檬挤汁 2汤匙

做法:

1.将印度葛拉姆咖喱粉和3汤匙橄榄油混合，再放入虾肉，搅拌均匀，封上保鲜膜，放入冰箱冷藏至少30分钟。

2.黑米蒸熟。

3.菠萝和芒果去皮，混合生菜洗净。将菠萝切成小块，芒果切成片。

4.平底锅中加入少许腌虾的油汁，把虾煎一下。根据虾大小不同，约煎3~4分钟。

5.将剩下的橄榄油和青柠檬汁混合调制成油醋汁。将所有食材混合搅拌，浇上油醋汁，即刻享用。

注：印度葛拉姆咖喱粉可购买瓶装的，也可将自己喜欢的咖喱粉和其他香料混合。

春

SPRING

羊肉丸
酸奶配薄饼

4人份 · 准备时间: 40分钟 · 冷冻时间: 1小时 · 烹饪时间: 12分钟 · 明智之选

原料

混合生菜 120克
白洋葱 4个 带根
羊肉馅 600克
鸡蛋 1个
孜然 1汤匙
八角籽 1汤匙
香菜碎 1平匙
番茄碎 4汤匙
面包屑 4汤匙
橄榄油 4汤匙
薄饼 4块

酱汁做法
红洋葱 半个
石榴 半个
发酵乳或酸奶 200克
香菜碎 4枝
辣椒粉 半咖啡匙
盐、黑胡椒碎

做法:

1.将混合生菜洗净、沥干水分。白洋葱去皮，切碎，保留2~3厘米的葱青。

2.在盘中，将羊肉馅、鸡蛋、孜然、八角籽、白洋葱碎、番茄碎和面包屑混合，再加入盐、黑胡椒碎。

3.用手掌将碎羊肉滚成肉丸，逐个放在铺了烘焙纸的烤盘上，再放入冰箱冷冻1小时。

4.制作酱汁：红洋葱去皮、切碎，石榴剥粒，将所有制作酱汁的食材混合，撒上盐、黑胡椒碎。

5.平底锅中加入橄榄油，油热后将羊肉丸煎至各面都呈金黄色，约煎5分钟。然后继续有规律地翻转肉丸各面，再煎6~7分钟。

6.在每块薄饼上都撒上一些生菜，放上4~5个肉丸，再浇上适量酸奶汁，马上品尝。

牛肉丸
薄荷柠檬沙拉

4人份 · 准备时间: 40分钟 · 冷冻时间: 1小时 · 烹饪时间: 12分钟 · 明智之选

原料

红洋葱 半个
大蒜 1瓣
腌柠檬 半个
薄荷叶 20片
鸡蛋 1个
面包屑 4汤匙
牛肉馅 400克
黄油 20克
樱桃番茄 12个
混合生菜 80克

油醋汁
橄榄油 4匙
意大利白酒醋 2汤匙
盐、黑胡椒碎

做法:

1.洋葱和大蒜去皮，与腌柠檬和薄荷叶（留几片作最后的装饰）一起切碎。打入鸡蛋，撒上面包屑，混合搅拌。放入牛肉馅，用适量盐、黑胡椒碎调味，搅拌。

2.用手掌搓成16个牛肉丸，平均每个30克。放入冰箱冷冻1小时。

3.在平底锅中将黄油融化，将肉丸各面都煎至金黄色。盖上锅盖，再继续加热6~7分钟，不断翻滚肉丸。

4.混合生菜洗净、沥干水分。樱桃番茄洗净、沥干水分，对半切开。

5.将橄榄油、意大利白酒醋、盐、黑胡椒碎混合，充分搅拌调成油醋汁。

6.将混合生菜和樱桃番茄搅拌，浇上油醋汁，然后放上牛肉丸，即刻享用。

鳟鱼
猫耳面鲜蔬沙拉

4人份 · 准备时间：15分钟 · 烹饪时间：9分钟 · 明智之选

原料

猫耳面 240克
鳟鱼 200克
鱼调味汁 1升
茴香头 半个
黄瓜 半根
樱桃番茄 12个
香菜 4枝
南瓜子、葵花籽 各4汤匙

酱汁原料
腰果果泥 4汤匙
柠檬 1个 挤汁
盐、黑胡椒碎

做法：

1.将猫耳面煮至弹牙的程度，捞出。用鱼调味汁煮鳟鱼。

2.将茴香头、黄瓜、樱桃番茄洗净，沥干水分。把每个樱桃番茄切成4瓣。茴香头和黄瓜切成薄片。

3.将南瓜籽和葵花籽在热平底锅中烘烤3分钟。

4.将所有食材放入沙拉盘中，撒上香菜碎。

5.将腰果果泥和柠檬汁、70毫升水混合，加入盐、黑胡椒碎，继续搅拌均匀。

6.酱汁做好，搭配沙拉享用。

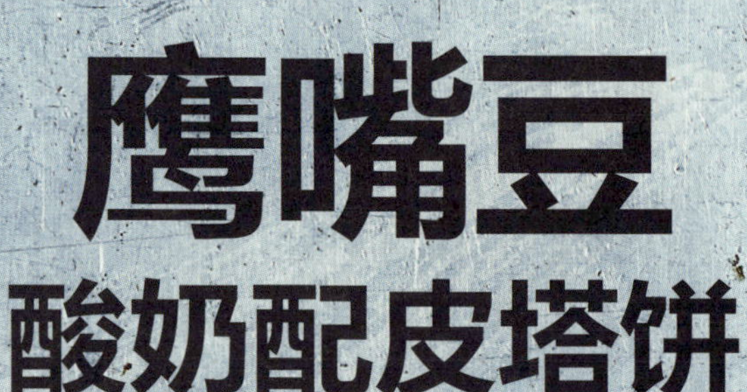

鹰嘴豆
酸奶配皮塔饼

4人份 · 准备时间：20分钟 · 烹饪时间：30分钟 · 实惠之选

原料

鹰嘴豆 125克
橄榄油 1汤匙+1汤匙最后浇汁
摩洛哥混合香料 1汤匙
蚕豆（带皮） 600克
樱桃番茄 16个
薄荷 4小枝
椰枣 8颗
浓缩酸奶 1汤匙
孜然 1汤匙
皮塔饼 4块
盐、黑胡椒碎

做法：

1.烤箱预热至200℃。

2.将鹰嘴豆洗净、沥干水分，与橄榄油1汤匙和2汤匙摩洛哥混合香料（或你喜欢的香料）搅拌，加盐、黑胡椒碎调味。

3.将鹰嘴豆放在铺了烘焙纸的烤盘上，放入烤箱加热30分钟。

4.将蚕豆在沸水中煮6分钟，沥干水分后用凉水过一下以使蚕豆保持鲜嫩，再去皮。

5.将樱桃番茄和薄荷洗净、沥干水分。将每个番茄切成4瓣，薄荷剁碎。将椰枣一切为二，取出枣核。

6.将浓缩酸奶和剩下的摩洛哥混合香料（或你喜欢的香料）混合搅拌，撒上孜然。

7.将所有食材放入沙拉盘中搅拌，浇上橄榄油1汤匙，每个盘中都放上1大匙浓缩酸奶香料调和汁，搭配皮塔饼吃。

水蜜桃
奶酪果仁沙拉

4人份 · 准备时间: 15分钟 · 烹饪时间: 5分钟 · 明智之选

原料

水蜜桃 2个
混合生菜 100克
哈罗米奶酪(Halloumi Cheese) 250克
香菜 4枝
烤杏仁 40克
烤榛子 40克
风干牛肉 12片
混合果仁 4汤匙(南瓜籽、葵花籽、蔓越莓等)

<u>油醋汁制法</u>
菜籽油 6汤匙
意大利白酒醋 3汤匙
盐、黑胡椒碎

做法:

1.水蜜桃剥皮,去核,切成6瓣。混合生菜洗净、沥干水分。

2.将哈罗米奶酪切成片,再将每片奶酪切成两半。

3.在热平底锅中煎哈罗米奶酪4~5分钟,每煎2分钟时翻转一下。

4.将烤杏仁和烤榛子捣碎成大块。香菜洗净,只留香菜叶备用。

5.将菜籽油和意大利白酒醋混合调制成油醋汁,加入盐、黑胡椒碎调味,充分搅拌。

6.将水蜜桃块、哈罗米奶酪、杏仁、榛子和风干牛肉混合在一起。浇上油醋汁,撒上混合果仁和香菜叶。可根据个人口味调节咸淡。

甜瓜
菲达芝士全麦面

4人份 · 准备时间: 20分钟 · 烹饪时间: 10~12分钟 · 实惠之选

原料

全麦意大利面 280克
小黄瓜 1根
甜瓜 1个
菲达芝士（Feta Cheese）200克
薄荷叶 10片
罗勒叶 10片
夏巴塔面包（Ciabatta）半个
橄榄油 2汤匙
大蒜 1小瓣

油醋汁制法
橄榄油 6汤匙
意大利白酒醋 3汤匙
盐、黑胡椒碎

做法:

1.将全麦意大利面煮熟至弹牙的程度，沥干水分后晾凉。

2.将黄瓜洗净，用刮皮器将其刮成细长条，放入一个漏勺中，抹上盐腌一下，使黄瓜腌出水。

3.甜瓜削皮去籽后，用冰淇淋匙将甜瓜舀成一个个小圆球。

4.菲达芝士切成小块。洗净薄荷叶和罗勒叶后，沥干水分，切碎。

5.将橄榄油、意大利白酒醋混合调制成油醋汁，加入盐、黑胡椒碎，充分搅拌均匀。

6.将夏巴塔面包切成薄片，在面包片上抹少许橄榄油。在平底锅或烤箱中，将面包片烤2~3分钟至金黄，再撒上蒜末。

7.将所有食材放入沙拉盘中，浇上油醋汁。搭配夏巴塔面包片享用。

鸡肉黄杏
库斯库斯

4人份 · 准备时间: 25分钟 · 腌制时间: 1小时 · 烹饪时间: 10~15分钟 · 明智之选

原料

鸡肉 280克
库斯库斯 160克
樱桃番茄 8个
黄杏 6个
黄油 10克
蜂蜜 2汤匙
迷迭香 1枝

腌制汁原料
大蒜 1瓣
柠檬 1个 挤汁
酱油 2汤匙
橄榄油 2汤匙
蜂蜜 2汤匙
摩洛哥混合香料 半咖啡匙
盐、黑胡椒碎

油醋汁原料
橄榄油 6汤匙
意大利红酒醋 3汤匙
盐、黑胡椒碎

做法:

1.腌制汁制法: 大蒜剥皮后用压蒜器压碎。将柠檬汁、酱油、橄榄油、摩洛哥混合香料、大蒜碎、盐和黑胡椒碎混合。

2.将鸡肉切成片, 放入腌制汁中, 搅拌均匀, 包上保鲜膜放入冰箱冷藏1小时。

3.用热水泡发库斯库斯。樱桃番茄洗净后切成两半。

4.将橄榄油和意大利红酒醋混合调制成油醋汁, 加入盐、黑胡椒碎调味, 充分搅拌均匀。

5.黄杏洗净, 沥干水分后分别切成小块。在平底锅中将黄油融化, 放入蜂蜜和迷迭香叶, 放入黄杏煎3~4分钟, 在2分钟时翻面, 煎好后备用。

6.在同一个平底锅中, 将沥干水分的鸡肉片煎至金黄, 约煎10分钟, 晾至温凉。

7.将所有食材放入沙拉盘中, 浇上油醋汁, 即刻享用。

夏

SUMMER

菜花
西蓝花混合沙拉

4人份 · 准备时间: 15分钟 · 静置时间: 1小时 · 实惠之选

原料

菜花 200克
西蓝花 200克
杏仁 40克
榛子 40克
菲达芝士 200克
薄荷 4枝
香菜 4枝
蔓越莓 40克
青柠檬 2个
橄榄油 4汤匙

做法:

1.用刀将菜花和西蓝花表面细小的花蕾削去。

2.在热平底锅中干烤杏仁、榛子5分钟，注意不要烤糊了。

3.将菲达芝士切碎。薄荷和香菜洗净、沥干水分后只取下叶片留用。

4.将1个青柠檬的外皮擦成细丝，再把2个柠檬的柠檬汁挤出，与橄榄油混合。

5.将所有食材都放在一个沙拉盘中混合搅拌。放入冰箱冷藏1小时后取出，即刻食用。

草莓西瓜藜麦沙拉

4人份 · 准备时间: 20分钟 · 烹饪时间: 15分钟 · 实惠之选

原料

藜麦 100克
小洋葱 1个
菲达芝士 280克
榛子 12颗
西瓜 400克
草莓 12个
薄荷 5枝
欧芹 5枝

油醋汁原料
柠檬 1个 挤汁
橄榄油 6汤匙
盐之花海盐(Fleur de sel)、黑胡椒碎

做法:

1.用凉水反复冲洗藜麦(以去除苦涩的口感),之后用滚水煮15分钟,沥干水分后再用冷水冲洗,晾凉。

2.将小洋葱去皮,切碎。菲达芝士切成小块。榛子捣碎成大块。

3.西瓜去皮后,切成小块。将草莓蒂除去,根据大小将每个草莓切成两半或4瓣。

4.薄荷和欧芹洗净后,取叶切碎。

5.将柠檬汁和橄榄油混合调制成油醋汁,加入盐之花海盐、黑胡椒碎调味,充分搅拌均匀。

6.将所有食材都放在沙拉盘中,浇上油醋汁,即刻享用。

夏
SUMMER

马苏里拉奶酪
番茄蜜桃沙拉

4人份 · 准备时间: 20分钟 · 烹饪时间: 4~5分钟 · 明智之选

原料

佛卡夏面包（Focaccia）80克
藏红花 2~3小撮
多色番茄 6个
油桃（硬）2个
马苏里拉奶酪 2个
罗勒叶 10片
橄榄油 7汤匙
盐之花海盐（Fleur de sel）、黑胡椒碎

做法:

1.将佛卡夏面包切成小块，放入大平底锅中，加入1汤匙橄榄油，将面包块烤至金黄，约4分钟后，趁热取出。

2.将剩下的橄榄油和藏红花混合搅拌。

3.将番茄和油桃洗净后切成薄片。马苏里拉奶酪沥干水分后切成薄片。罗勒叶洗净，沥干水分。

4.将所有食材混合，浇上藏红花橄榄油汁，加入盐之花海盐、黑胡椒碎调味，搭配刚好晾温的面包块一起吃。

夏

SUMMER

大黄藜麦

羊奶酪沙拉

4人份 · 准备时间: 35分钟 · 烹饪时间: 40分钟 · 实惠之选

原料

大黄 250克
蜂蜜 2汤匙
藜麦 80克
茴香头 半个
烤杏仁 40克
薄荷 3枝
欧芹 3枝
羊奶酪 100克
橄榄油 2汤匙
蔓越莓 40克

油醋汁原料
橄榄油 6汤匙
蜂蜜醋 3汤匙
盐之花海盐（Fleur de sel）
黑胡椒碎

做法:

1.烤箱预热至180℃。大黄洗净，将两端去掉。

2.将大黄切成1厘米长的小段，裹上蜂蜜，放在铺了烘焙纸的烤盘上，放入烤箱加热25分钟。

3.用冷水反复冲洗藜麦（以去除苦涩的口感），用开水煮15分钟，沥干水分后再用冷水冲洗，晾凉。

4.茴香头洗净，切成薄片。杏仁捣碎成大块。薄荷和欧芹洗净，沥干水分后只取叶片备用。

5.将欧芹、薄荷和羊奶酪混合，加入2汤匙橄榄油，撒上盐之花海盐、黑胡椒碎调味。

6.将橄榄油和蜂蜜醋混合调制成油醋汁，加入盐之花海盐、黑胡椒碎，充分搅拌均匀。

7.将藜麦、大黄、茴香、杏仁和蔓越莓混合在一起，浇上油醋汁，搭配薄荷、欧芹和羊奶酪一起享用。

小腊肠
番茄小麦沙拉

4人份 · 准备时间: 40分钟 · 烹饪时间: 12分钟 · 明智之选

原料

大蒜 1瓣
橄榄油 2汤匙
番茄碎（罐装） 150克
百里香 2枝
双粒小麦 80克

小辣肠 1根
松子仁 40克
法棍面包 半根
多色樱桃番茄 8个

油醋汁原料
橄榄油 5汤匙
西班牙红酒醋 2汤匙
盐、黑胡椒碎

做法:

1.大蒜去皮，切碎。在平底锅中加热2汤匙橄榄油，加入大蒜末炒2分钟，再加入番茄碎、百里香叶、盐、黑胡椒碎，文火加热10分钟。

2.在此期间，将双粒小麦煮熟。

3.将小辣肠切成小圆片。用搅拌棒将番茄碎和香肠片捣碎成泥状。

4.将烤箱调至烧烤模式。在热平底锅中，烘烤松子仁3分钟，直至松子变成金黄色。

5.将法棍面包切成1厘米厚的片，在烤箱中烤3分钟至金黄色。

6.将橄榄油和西班牙红酒醋混合调制成油醋汁，充分搅拌。

7.将多色樱桃番茄洗净，根据大小切成4瓣或6瓣。将樱桃番茄、双粒小麦、松子仁混合在一起，搭配小香肠和面包片享用。

夏

SUMMER

小麦黄杏
素食能量碗

4人份 · 准备时间: 40分钟 · 烹饪时间: 55分钟 · 明智之选

原料

双粒小麦 80克
豆角 80克
黄杏 4个
红洋葱 1/4个
腰果泥 1汤匙
牛油果 1个
柠檬汁 1汤匙
薄荷 4枝
混合生菜 适量
全麦法棍面包 半根

油醋汁原料
榛子油 6汤匙
蜂蜜醋 3汤匙
盐之花海盐（Fleur de sel）、黑胡椒碎

做法:

1.将烤箱调至烧烤状态。将法棍面包切成片，放入烤箱中烤3分钟至金黄色。

2.将榛子油、蜂蜜醋混合在一起调制成油醋汁，加入盐之花海盐、黑胡椒碎，充分搅拌均匀。

3.将双粒小麦煮熟。洋葱去皮，切成薄片。

4.将豆角两端和侧面的粗纤维撕去，煮8~9分钟（使其保持脆嫩的口感），再放入凉水中冷却。

5.将黄杏洗净、去核，每一个都切成两半。

6.牛油果去皮去核后与腰果泥、柠檬汁混合搅拌成抹酱。

7.将薄荷叶洗净、沥干水分、切碎。混合生菜洗净、沥干水分。

8.将双粒小麦、红洋葱、黄杏、混合生菜、豆角和薄荷叶混合。浇上油醋汁，与抹了牛油果酱的法棍面包片搭配享用。

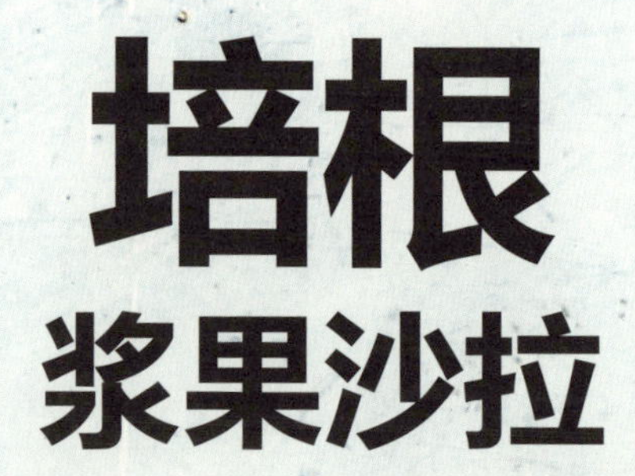

培根浆果沙拉

4人份 · 准备时间: 20分钟 · 烹饪时间: 10分钟 · 实惠之选

原料

培根 200克
混合生菜 100克
杏仁 40克
碧根果仁 40克
榛子 40克
覆盆子 40克
红醋栗 40克
葡萄干 40克
羊奶酪 40克

油醋汁原料
榛子油 6汤匙
树莓醋 3汤匙
盐、黑胡椒碎

做法:

1.在平底锅中将培根煎至金黄色。

2.将混合生菜洗净、沥干水分。将坚果(杏仁、碧根果仁、榛子)在热平底锅中烘烤3分钟。

3.将榛子油与树莓醋混合调制成油醋汁,加入盐、黑胡椒碎调味,充分搅拌均匀。

4.将所有食材混合,撒上羊奶酪碎,浇上油醋汁,即刻享用。

注:可用果醋代替树莓醋。

白豆
蛤子小辣肠沙拉

4人份 · 准备时间：30分钟 · 烹饪时间：15分钟 · 明智之选

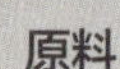

原料

小个洋葱 1个
黄油 10克
白葡萄酒 50毫升
去壳的蛤子 200克
小辣肠 100克
香菜 4枝
白豆（熟）550克

做法：

1.将洋葱去皮后切碎。热锅将黄油融化，加入洋葱碎，大火炒5分钟，再加入白葡萄酒。

2.放入蛤子，盖上锅盖加热10分钟，至蛤子全部开口。

3.将小辣肠切成片或小块。香菜洗净、切碎。

4.将蛤子取出，汁水留下，大火继续煮5分钟，使其收汁至一半，盛出晾凉。

5.将所有食材混合在一起，常温下食用。

甜瓜火腿
青酱沙拉

4人份 · 准备时间: 20分钟 · 烹饪时间: 3~4分钟 · 实惠之选

原料

甜瓜 半个
无花果 6个
火腿片 100克
松子仁 40克
帕尔马干酪 40克
罗勒青酱 4~6匙
罗勒叶 10片
盐、黑胡椒碎

做法:

1.甜瓜去皮、去籽，用削皮器将甜瓜削成细面条状。

2.在热平底锅中，放入松子仁炒3~4分钟至金黄色。

3.将无花果洗净、沥干水分，每个都切成4瓣。

4.将甜瓜条、火腿片和无花果在盘中放好，撒上帕尔马干酪和烤过的松子仁。

5.浇上罗勒青酱，加盐、黑胡椒碎调味，最后点缀上罗勒叶。

烤茄子
菲达芝士腰果酱沙拉

4人份 · 准备时间：20分钟 · 烹饪时间：40分钟 · 实惠之选

原料

茄子 2个
橄榄油 4汤匙
龙舌兰糖浆 6汤匙
辣椒粉 2小撮

混合生菜 80克
石榴 1个
菲达芝士（Feta Cheese）200克

酱汁
原味发酵乳或酸奶 1瓶
柠檬 1个 挤汁
腰果泥 3汤匙
盐、黑胡椒碎

做法：

1.烤箱预热至180℃。

2.将茄子洗净、沥干水分，切成小块，放入沙拉盘中，抹上橄榄油、龙舌兰糖浆和辣椒粉。

3.将茄子块放在铺了烘焙纸的烤盘上，放入烤箱烤40分钟，期间取出搅拌一下。

4.将混合生菜洗净，沥干水分。石榴剥粒。菲达芝士切成小方块。

5.将原味发酵乳、柠檬汁和腰果泥混合，加入盐、黑胡椒碎调味，用搅拌器搅打成酱汁。

6.将所有食材混合，搭配腰果酱享用。

夏
SUMMER

尼斯沙拉

4人份 · 准备时间: 15分钟 · 烹饪时间: 10分钟 · 实惠之选

原料

鸡蛋 4个
蚕豆或豆角 200克
番茄 4个
油浸鳀鱼（罐头装） 16条
无核黑橄榄 16颗
金枪鱼（中段） 200克
罗勒叶 10片

油醋汁原料
橄榄油 4汤匙
意大利红酒醋 2汤匙
盐、黑胡椒碎

做法:

1.鸡蛋煮熟后放入凉水中冷却，剥去蛋壳，切成圆片。

2.在加盐的滚水中煮蚕豆7分钟，去皮。

3.将番茄洗净、沥干水分。将番茄柄用小刀去掉，切成6瓣。

4.将橄榄油、意大利红酒醋、盐、黑胡椒碎混合搅拌制成油醋汁，充分调匀。

5.将所有食材放入沙拉盘中，浇上油醋汁，撒上罗勒叶。

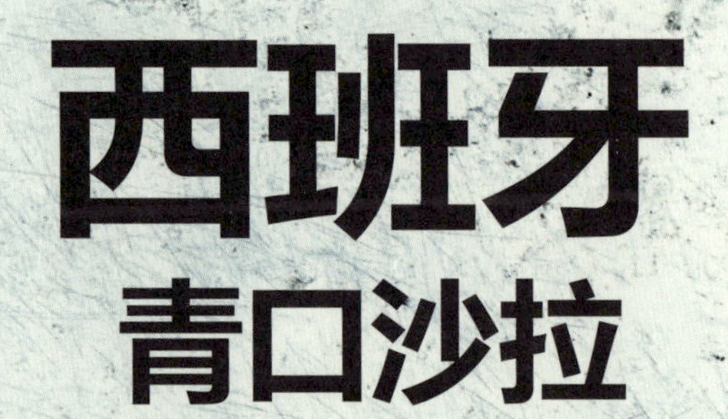

西班牙青口沙拉

4人份 · 准备时间: 25分钟 · 烹饪时间: 13分钟 · 实惠之选

原料

小个红洋葱 1个
黄油 25克
干白葡萄酒 100毫升
青口(带壳) 2500克
红甜椒 1个
青甜椒 1个
青辣椒 1个
小个白洋葱 4个
番茄 2个
欧芹 4枝
面包干 数块

油醋汁原料
橄榄油 4汤匙
西班牙红酒醋 2汤匙
盐、黑胡椒碎

做法:

1.将红白洋葱去皮后切碎。在锅中将黄油融化,加入混合洋葱碎,炒3分钟至金色,加入干白葡萄酒和青口。盖上锅盖,加热10分钟,期间不时地搅拌一下。煮好后捞出,去壳。

2.将青红甜椒和青辣椒洗净、沥干水分,去柄、籽、白膜,再切成小块。

3.番茄洗净、沥干水分,去籽后切成小块。欧芹洗净,沥干水分,切碎。

4.将橄榄油、西班牙红酒醋、盐、黑胡椒碎混合调制成油醋汁,充分搅拌均匀。

5.将所有食材都放入沙拉盘中搅拌,浇上油醋汁。将沙拉放入冰箱冷藏,食用时再取出。可搭配面包干享用。

鸡肉炒干脆面

4人份 · 准备时间：25分钟 · 烹饪时间：6分钟 · 实惠之选

原料

小黄瓜 1根
鸡肉 1块
白芝麻 4汤匙
干脆面160克
食用油 适量
香菜 8枝

酱汁原料
米醋 2汤匙
芝麻油 3汤匙
鱼露 1.5汤匙
黑胡椒碎

做法：

1.黄瓜洗净，竖切成两半，去籽，然后再分别切成柱状的小黄瓜条。

2.将鸡肉切成块，蘸一下白芝麻。

3.将干脆面在800毫升滚水中煮3分钟，再用凉水过一下，沥干水分后倒入1汤匙食用油，以免面条之间粘黏。

4.在平底锅中加热食用油至180℃，将面条放入炸至金黄色。在此期间，不断用筷子搅动以免面条粘黏。将面条取出并用厨房纸吸干面条上的浮油。重复此步骤将剩下的面条都炸一下后吸油，备用。

5.将米醋、芝麻油、鱼露和黑胡椒碎混合，调成酱汁。

6.将所有食材混合，倒入酱汁，撒上香菜碎，即刻享用。

荞麦
石榴菲达芝士沙拉

4人份 · 准备时间: 25分钟 · 静止时间: 20分钟 · 烹饪时间: 7分钟 · 实惠之选

原料

荞麦 160克
盐 半咖啡匙
薄荷叶 4枝
欧芹 4枝
红洋葱 半个
菲达芝士 200克
樱桃番茄 16个
石榴 半个

油醋汁原料
橄榄油 5汤匙
果醋 2汤匙
盐、黑胡椒碎

做法:

1.锅中煮水，加盐，沸腾后放入荞麦，不盖锅盖煮7分钟。关火后，继续让荞麦在沸水中泡发20分钟。

2.将薄荷和欧芹洗净、沥干水分，只取叶。将红洋葱去皮，切碎。将菲达芝士切碎。

3.将樱桃番茄洗净、沥干水分后，每个都切成两半。石榴剥粒。

4.将橄榄油、香醋、盐、黑胡椒碎混合调制成油醋汁，充分搅拌均匀。

5.将所有食材混合搅拌，浇上油醋汁，即刻享用。

烤意大利乳清干酪燕麦面

4人份 · 准备时间: 15分钟 · 烹饪时间: 40分钟 · 实惠之选

原料

意大利乳清干酪 250克
香菜粉 半咖啡匙
小豆蔻粉 半咖啡匙
辣椒粉 半咖啡匙
燕麦面 240克
西芹 4小撮
樱桃番茄 16个
百里香 4枝
盐、黑胡椒碎

油醋汁原料
橄榄油 6汤匙
意大利白酒醋 3汤匙
盐、黑胡椒碎

做法:

1.烤箱预热至180℃。

2.将意大利乳清干酪沥干水分后，将香菜粉、小豆蔻粉、烤辣椒粉抹在上面，撒上盐、黑胡椒碎提味，放入烤箱中烤40分钟。

3.在此期间，将燕麦面煮至弹牙有嚼劲的程度，沥干水分后，自然晾凉。将西芹洗净，沥干水分。

4.将樱桃番茄洗净，沥干水分，切成两半。

5.将橄榄油、意大利白酒醋、盐和黑胡椒碎混合调制成油醋汁，充分搅拌均匀。

6.将乳清干酪切成块。把燕麦面、西芹和干酪块放入盘中，浇上油醋汁，撒上百里香。可搭配烤面包一起享用。

生鱼片
海藻树莓沙拉

4人份 · 准备时间: 20分钟 · 冷冻时间: 20分钟 · 昂贵之选

原料

鲈鱼（去皮）4块，每块约100克
茴香头 半个
青柠檬 2个
树莓 250克
橄榄油 8汤匙
海藻 2汤匙
面包干 15小块
盐、黑胡椒碎

做法:

1.将鲈鱼放在冰箱中冷冻20分钟以便切用。

2.将鲈鱼切成薄片并一片片地摆在盘子上。

3.将茴香头切成非常薄的片。

4.青柠檬挤汁，备用。将125克树莓碾成泥并取汁。

5.将青柠汁与树莓汁、橄榄油混合搅拌。

6.将茴香头片、剩余的完好树莓、海藻和面包干放在鱼肉片上。浇上调汁，装饰几片茴香片，加盐、黑胡椒碎调味，尽快食用。

青椒香肠
库斯库斯

4人份 · 准备时间: 15分钟 · 静置时间: 10分钟 · 烹饪时间: 5分钟 · 实惠之选

原料

库斯库斯 200克
葡萄干 4汤匙
橄榄油 8汤匙
摩洛哥混合香料 1汤匙
红甜椒 半个
青甜椒 半个
香肠 4根
辣椒酱 半咖啡匙
香菜 4枝
盐、黑胡椒碎

做法:

1.将库斯库斯和葡萄干放在一个大容器里。加入400毫升沸水、2汤匙橄榄油和摩洛哥混合香料，搅拌均匀，盖上盖子静置10分钟，使其充分泡发。

2.青椒洗净，沥干水分，切成两半，去掉柄、籽和白膜，再切成小块。

3.将香肠切成2厘米长的小段，在平底锅中用大火炒3~4分钟。

4.将橄榄油与摩洛哥混合香料、辣椒酱、盐、黑胡椒碎混合调匀成酱汁。

5.将所有食材放入大沙拉盘中，浇上酱汁，撒上洗净后切碎的香菜。

柠檬草
牛肉沙拉

4人份 · 准备时间: 20分钟 · 烹饪时间: 3分钟 · 明智之选

原料

酸角（罗望子） 120克
牛里脊 400克
柠檬草 3根
小个洋葱 1个
红辣椒 1~2个
薄荷 1枝
香菜 1枝

酱汁原料
酸角汁 8汤匙
白砂糖 1汤匙
鱼露 4汤匙

做法:

1.将酸角（罗望子）浸泡在250毫升冷水中，不时地搅拌一下，过滤后备用。

2.将牛里脊切成3厘米长的小块。在平底锅中将肉块迅速地干炒一下。

3.柠檬草去外皮。小洋葱去皮。将柠檬草和小洋葱切细碎。

4.红辣椒去籽、切碎。薄荷和香菜洗净、沥干水分，取叶留用。

5.将过滤后的酸角汁、白砂糖和鱼露混合调制成酱汁。

6.将牛肉、柠檬草、小洋葱、辣椒、薄荷、香菜混合。

7.依个人口味和对辣椒的承受度，将酱汁浇在食材上。搭配糙米饭享用。

墨西哥沙拉

4人份 · 准备时间：15分钟 · 烹饪时间：15分钟 · 明智之选

原料

混合甜椒（红黄绿三色）180克
橄榄油 2汤匙
烤鸡 240克
腌青辣椒 4个
香菜 4枝
玉米粒 150克
煮熟的红豆 250克
玉米面煎饼 4块
牛油果酱 8汤匙

油醋汁原料
橄榄油 5汤匙
西班牙赫雷斯（Jerez）红酒醋 2汤匙
盐、黑胡椒碎

做法：

1.将各色甜椒洗净，对半切开，将柄、籽、白膜取出后，切成细丝。

2.在平底锅中加热2汤匙橄榄油，加入甜椒丝翻炒15分钟，不断搅拌。

3.把烤鸡撕成条。腌青辣椒切成片。将香菜洗净、沥干水分，取叶。

4.将橄榄油、赫雷斯红酒醋、盐、黑胡椒碎混合调制成油醋汁，充分搅拌均匀。

5.将所有食材放入大沙拉盘中，浇上油醋汁，搅拌均匀。

6.在平底锅中加热玉米面煎饼，然后将其切成三角形，加入少许牛油果酱。和沙拉搭配享用。

日式
炭烧鸭肉拉面

4人份 · 准备时间: 25分钟 · 烹饪时间: 8分钟 · 静置时间: 5分钟 · 明智之选

原料

日本拉面 400克
鸭胸肉 320克
青瓜 240克
芝麻菜 1把
黑白混合芝麻 1撮

油醋汁原料
芝麻油 6汤匙
米醋 3汤匙
盐、黑胡椒碎

做法:

1.将日本拉面煮熟，用凉水冷却，备用。

2.用刀在鸭胸肉上划十字。在热平底锅中，将鸭胸肉有脂肪的一面朝下，煎5分钟。

3.将锅中渗出的油脂倒出，将鸭胸肉另一面朝下放回锅中，再煎3分钟（依个人喜好程度）。煎好后用锡箔纸包裹并静置5分钟。

4.黄瓜洗净、沥干水分，切成4段，去籽后再切成小条。

5.将橄榄油、米醋、盐、黑胡椒碎混合调制成油醋汁，搅拌均匀。

6.将所有食材装进碗里，浇上油醋汁，撒上黑白混合芝麻，即刻享用。

大溪地
三文鱼沙拉

4人份 · 准备时间: 15分钟 · 静置时间: 10分钟 · 明智之选

原料

青柠檬 2个
三文鱼 400克
番茄 2个
黄瓜 半根
胡萝卜 2根
椰奶 330毫升
欧芹 4枝
小个洋葱 2个
盐、黑胡椒碎

做法:

1.青柠檬挤汁。用凉水冲洗三文鱼，沥干水分后切成小块。洋葱切碎。

2.将青柠汁浇在鱼肉表面，抹盐、黑胡椒碎。静置10分钟。

3.番茄和黄瓜洗净。将每个番茄切成6块，去籽。黄瓜切成细条。

4.胡萝卜去皮，擦成丝。洋葱去皮后切碎。三文鱼用厨房纸吸干水分。

5.将所有食材放在沙拉盘中搅拌均匀。将洋葱碎和欧芹撒在表面，即刻享用。

面包
剑鱼丸

4人份 · 准备时间: 35分钟 · 烹饪时间: 8~10分钟 · 明智之选

原料

混合生菜 80克
剑鱼肉 300克
红洋葱 半个
薄荷 4枝
黑麦面包 2片（约30克）
面粉 6汤匙
橄榄油 2汤匙

油醋汁原料
橄榄油 4汤匙
意大利红酒醋 2汤匙
盐、黑胡椒碎

做法:

1.混合生菜洗净，沥干水分。将剑鱼肉在凉水下冲洗，之后用厨房纸吸干水分，切成大块，略搅碎。

2.红洋葱去皮、切碎。薄荷洗净、沥干水分、切碎（留几片叶子作最后的点缀）。将黑麦面包切碎。

3.在一个大容器中，将洋葱碎、鱼肉、薄荷碎和黑麦面包碎混合搅拌。加入盐、黑胡椒碎调味，充分调匀并搓成一个个核桃大小的鱼丸。

4.将面粉放在空盘子上，将鱼丸放在面粉中滚一下。

5.平底锅中加入2汤匙橄榄油，放入鱼丸煎8~10分钟，期间不断翻转。

6.将橄榄油、意大利红酒醋、盐、黑胡椒碎混合调制成油醋汁，充分搅拌均匀。

7.将混合生菜放入盘中，浇上油醋汁，放入鱼丸，最后点缀上薄荷叶，即刻享用。

注：可将剑鱼肉换成你喜欢吃的其他种类的鱼肉。

夏
SUMMER

沙丁鱼
荞麦沙拉

4人份 · 准备时间: 35分钟 · 烹饪时间: 6~8分钟 · 实惠之选

原料

沙丁鱼（罐头装） 12条
鸡蛋 2个
面粉 8汤匙
荞麦 4汤匙
橄榄油 6汤匙
混合生菜 80克
茴香头 1个
腌刺山柑（câpres，瓶装） 16颗
柠檬 2个
盐、黑胡椒碎

做法:

1.将沙丁鱼用凉水洗净，沥干水分。将鸡蛋打成蛋液。

2.分别将面粉、鸡蛋、荞麦放入3个盘子中，将沙丁鱼依次在面粉、蛋液和荞麦的盘子中滚一下，使其分别裹上三种食材。

3.在平底锅中加热4汤匙橄榄油，放入沙丁鱼，依据鱼的大小煎6~8分钟，使其呈金色，期间不断翻转。

4.混合生菜洗净，沥干水分。将茴香头表皮去掉，用削皮器削成薄片。柠檬挤汁备用。

5.将所有食材放入沙拉盘，先放沙丁鱼，然后浇上剩下的橄榄油和柠檬汁。加入盐、黑胡椒碎，即刻享用。

泰式
鱿鱼米粉

4人份 · 准备时间: 30分钟 · 烹饪时间: 5~6分钟 · 明智之选

原料

细米粉 240克
大鱿鱼(水产店清理好的)2个
面粉 3汤匙
橄榄油 2汤匙
胡萝卜 1根
大白菜 160克
黄瓜 160克
薄荷 4枝
香菜 4枝
椰丝 4汤匙

酱汁原料
鱼露 4汤匙
酱油 4汤匙
青柠檬 1个
蚝油 4汤匙

做法:

1.将细米粉煮熟,沥干水分后,用凉水冲一下。

2.将大鱿鱼切成1厘米厚的圆圈,均匀地裹上面粉。

3.在平底锅中,用热油煎鱿鱼圈,煎5~6分钟。

4.胡萝卜去皮后擦丝。将大白菜最外面的一层菜叶去掉后切碎。黄瓜洗净,沥干水分,切成细条。

5.薄荷和香菜洗净、沥干水分,只取叶片备用。

6.将制作酱汁的食材混合后搅拌。

7.将所有食材放入沙拉盘中,倒入酱汁,撒上薄荷、香菜和椰丝作点缀。

夏
SUMMER

海蓬子
章鱼土豆沙拉

4人份 · 准备时间: 25分钟 · 烹饪时间: 15~20分钟 · 明智之选

原料

小土豆 400克
樱桃番茄 12个
海蓬子 100克
章鱼（熟）300克

油醋汁原料
橄榄油 6汤匙
西班牙红酒醋 3汤匙
盐之花海盐
黑胡椒碎

做法：

1.将小土豆和樱桃番茄洗净。

2.用加了盐的滚水煮土豆约15~20分钟，使其自然冷却。

3.将橄榄油、西班牙红酒醋、盐之花海盐、黑胡椒碎混合调制成油醋汁，搅拌均匀。

4.将每个樱桃番茄切成4瓣。用冷水冲洗海蓬子，再用厨房纸吸干水分。

5.章鱼切成1厘米厚的段。土豆沥干水分，去皮后切成小圆片。

6.将所有食材放入沙拉盘中，浇上油醋汁，撒上盐之花海盐、黑胡椒碎调味，即刻享用。

萨卡莫扎奶酪
无花果鸭胸沙拉

4人份 · 准备时间: 15分钟 · 烹饪时间: 8分钟 · 明智之选

原料

法棍面包 半根
松子仁 20克
混合生菜 适量
无花果 8个
萨卡莫扎奶酪（scamorza）200克
烟熏鸭胸肉 120克
欧芹 4枝
黄油 10克

油醋汁原料
核桃油 6汤匙
意大利白酒醋 3汤匙
盐、黑胡椒碎

做法:

1.将烤箱设置为烧烤模式。将半根法棍面包切成0.5厘米厚的片。把烘焙纸铺在烤盘上，再放上松子仁和面包片。将烤盘放入烤箱烤4分钟，期间将面包翻面后再烤，注意不要烤焦。

2.将混合生菜和欧芹洗净、沥干水分。欧芹取叶，切碎。

3.将核桃油、意大利白酒醋、盐和黑胡椒碎混合后调制成油醋汁，充分搅拌。

4.无花果洗净、沥干水分，切成两半。在平底锅中将黄油融化，放入无花果煎4分钟，直至其呈金黄色。

5.将萨卡莫扎奶酪切成5毫米厚的片。

6.将所有食材混合，浇上油醋汁，撒上欧芹碎，即刻享用。

油封鸭
黄香李野苣沙拉

4人份 · 准备时间：30分钟 · 烹饪时间：10分钟 · 明智之选

原料

油封鸭腿 4个
黄香李 300克
野苣 100克
烤榛子 40克
意大利红酒醋 3汤匙
欧芹 4枝
盐、黑胡椒碎

做法：

1.烤箱预热至200℃。将油封鸭腿放在烤架上，下面放一个滴油盘用来接渗出的油。烤10分钟。

2.将鸭腿取出，晾凉后将鸭肉撕碎。

3.从滴油盘中舀1汤匙鸭油，放入平底锅中加热，再放入洗净、沥干水分的黄香李，煎3分钟。

4.将野苣洗净，取叶片部位，沥干水分。

5.将所有食材混合。浇上意大利红酒醋和洗净切碎的欧芹，加入盐、黑胡椒碎调味。

羊奶酪
无花果坚果碎沙拉

4人份 · 准备时间: 15分钟 · 烹饪时间: 5分钟 · 明智之选

原料

羊奶酪 120克
全麦法棍 半根
混合生菜 100克
无花果 12颗
黄油 10克
蜂蜜 1汤匙
薄荷 4枝
坚果碎 4汤匙

油醋汁原料
橄榄油 6汤匙
意大利红酒醋 3汤匙
盐、黑胡椒碎

做法:

1.将羊奶酪切成5毫米厚的圆片。全麦法棍切成1厘米厚的片。将羊奶酪片放在每片面包上。

2.混合生菜洗净、沥干水分。无花果洗净、沥干水分后，每颗都切成两半。

3.平底锅加热，将黄油融化，加入蜂蜜和无花果烘烤3~4分钟。与此同时，将面包片放入烤箱烤5分钟。

4.将橄榄油、意大利红酒醋、盐、黑胡椒碎混合调制成油醋汁，充分搅拌均匀。

5.薄荷取叶，洗净、沥干水分后切碎。

6.在一个大容器中，将混合生菜、无花果、薄荷和坚果碎混合搅拌，浇上油醋汁，依个人口味调整咸淡。可与羊奶酪面包片搭配享用。

意大利饺子
混合沙拉

4人份 · 准备时间: 25分钟 · 冷冻时间: 20分钟 · 烹饪时间: 5分钟 · 实惠之选

原料

意大利饺子 200克
橄榄油 3汤匙
混合生菜 120克
核桃仁数颗

油醋汁原料
核桃油 4汤匙
意大利红酒醋 2汤匙
盐、黑胡椒碎

做法:

1.将意大利饺子放入滚水锅中煮1分钟，捞出后沥水。盘中倒入少许橄榄油，将饺子盛在盘中并略晃动盘子，以免粘住。

2.在热平底锅中放入饺子，大火煎至金黄。

3.将混合生菜洗净、沥干水分。核桃仁掰碎。

4.将核桃油、意大利红酒醋、盐、黑胡椒碎混合调制成油醋汁。

5.将所有食材混合均匀，浇上油醋汁，即刻享用。

宽豆角
牛油果雪梨沙拉

4人份 · 准备时间: 15分钟 · 烹饪时间: 10~12分钟 · 实惠之选

原料

宽豆角 400克
雪梨 2个
火腿 100克
牛油果 2个
开心果仁 4汤匙
榛子 4汤匙
小葱 4根

油醋汁
牛油果油 4汤匙
意大利红酒醋 2汤匙
盐、黑胡椒碎

做法:

1.将宽豆角切成4厘米长的段。放入锅中蒸10~12分钟(要保持其脆脆的口感),盛出后置于冷水中冷却。

2.雪梨去皮去核,切成大块。

3.火腿切片。开心果和榛子捣成块。小葱洗净、切碎。

4.将牛油果油、意大利红酒醋、盐和黑胡椒碎混合调制成油醋汁,充分搅拌均匀。

5.将所有食材放在沙拉盘中,浇上油醋汁。可搭配全麦面包享用。

秋

AUTUMN

皮埃蒙特沙拉

4人份 · 准备时间：20分钟 · 烹饪时间：15~20分钟 · 实惠之选

原料

土豆 600克
番茄 4个
烤猪肉 400克
厚切火腿 适量
酸黄瓜 8根
小洋葱 8个
香芹4枝
蛋黄酱250克
盐、黑胡椒碎

做法：

1.把土豆放在加了盐的滚水里煮15~20分钟（根据土豆大小），沥干水分，晾凉后去皮，再切成大块。

2.番茄洗净、沥干水分，切成大块。

3.酸黄瓜切成圆片，小洋葱切成两半。香芹洗净、沥干水分、切碎。

4.将所有食材混合，加入盐、黑胡椒碎调味。放入冰箱冷藏，食用时再取出。

鸭胸肉
鹰嘴豆朝鲜蓟沙拉

4人份 · 准备时间: 25分钟 · 静置时间: 10分钟 · 烹饪时间: 15分钟 · 理智之选

原料

橙子 2个
柠檬 1个
朝鲜蓟 240克
樱桃番茄 12个
鸭胸肉 400克
欧芹 4枝
熟鹰嘴豆 240克

油醋汁原料
橄榄油 4汤匙
意大利红酒醋 2汤匙
盐、黑胡椒碎

做法:

1.将橙子和柠檬分别挤出汁。

2.朝鲜蓟剥去叶片，取根部，切成2块或4块（根据大小）。将其放入锅中，开小火，用橙汁、柠檬汁煨浸朝鲜蓟15分钟，期间不断搅拌。

3.同时，将鸭胸肉略煮。用利刀在鸭胸肉的脂肪上划十字。在热平底锅中放入鸭胸肉，肥腻的一面朝下，中火煎6~7分钟。将锅中渗出的多余油脂倒出，再翻面继续煎6分钟。

4.煎好后盛出，用锡箔纸包裹好鸭胸肉，静置10分钟，再切成片。

5.将煨浸朝鲜蓟的汁水与橄榄油、意大利红酒醋、盐、黑胡椒碎混合，充分搅拌均匀。

6.将樱桃番茄洗净，切成两半。欧芹洗净、沥干水分、取叶。

7.把所有食材放入沙拉盘中，浇上油醋汁。

苹果
猪血肠沙拉

4人份 · 准备时间: 20分钟 · 烹饪时间: 20分钟 · 理智之选

原料

白猪血肠 4根
红苹果 4个
黄油 30克
野苣 100克
百里香 4枝

油醋汁原料
欧芹 4枝
橄榄油 3汤匙
意大利白酒醋 2汤匙
盐、黑胡椒碎

做法:

1.将白猪血肠的外皮剥去，切成小段。

2.苹果削皮后切成6块，去掉苹果核和籽。

3.平底锅中融化15克黄油，放入苹果块，煎15分钟使其呈金色，期间不断搅拌。

4.在另一口平底锅中放入剩下的黄油，煎猪血肠约5分钟，中间翻一次面。

5.将野苣洗净、沥干水分。欧芹洗净、切碎。

6.把橄榄油、意大利白酒醋、欧芹、盐、黑胡椒碎混合调制成油醋汁，充分搅拌均匀。

7.将所有食材混合，浇上油醋汁，搅拌好后撒上百里香点缀，即刻享用。

野苣青酱
龙虾意面沙拉

4人份 · 准备时间: 30分钟 · 烹饪时间: 9分钟 · 理智之选

原料

意大利宽面 280克
野苣 100克
大蒜 半瓣
帕尔马干酪 30克
烤松子仁 30克
橄榄油 60克
水萝卜 8个
龙虾肉 120克
盐、黑胡椒碎

做法:

1.将意大利宽面煮至弹牙的程度(约9分钟)。

2.制作野苣青酱: 野苣洗净、沥干水分。将野苣80克、大蒜、帕尔马干酪、烤松子仁和橄榄油混合后放入料理机中研磨。

3.水萝卜洗净, 切成薄圆片。

4.将煮好的面条捞出, 沥干水分, 再用凉水冲一下。

5.将面条、野苣青酱、龙虾肉和剩下的野苣混合, 略翻拌。加入盐、黑胡椒碎调味, 最后撒上水萝卜片。

秋
AUTUMN

雪梨干酪面片沙拉

4人份 · 准备时间: 15分钟 · 烹饪时间: 12分钟 · 理智之选

原料

克罗泽面片（crozets）200克
猪膘肉 100克
雪梨 1个
红菊苣 1棵
意大利戈贡佐拉蓝纹芝士（Gorgonzola）100克
核桃仁 40克
欧芹 2枝

油醋汁制法
胡桃油 5汤匙
苹果醋 2汤匙
盐、黑胡椒碎

做法:

1.将克罗泽面片煮熟（约12分钟）。

2.平底锅中放入猪膘肉炒5~6分钟。

3.雪梨削皮，去核后切成大块。将红菊苣叶片剥开，切碎。

4.将戈贡佐拉蓝纹芝士切成大块。

5.欧芹洗净、沥干水分，取叶备用。

6.将胡桃油、苹果醋、盐、黑胡椒碎混合，充分搅拌均匀。

7.将所有食材放入大沙拉盘中，浇上油醋汁，撒上欧芹碎，立即开动!

注：可用意大利贝壳面代替克罗泽面片。

秋
AUTUMN

豆腐咖喱
布格麦沙拉

4人份 · 准备时间: 25分钟 · 烹饪时间: 12分钟 · 静置时间: 5分钟 · 实惠之选

原料

意大利布格麦 240克
抱子甘蓝 12颗
熏豆干 200克
香菜 4枝
葡萄干 4汤匙
咖喱粉 4汤匙

油醋汁原料
橄榄油 6汤匙
意大利白酒醋 3汤匙
盐、黑胡椒碎

做法:

1.将布格麦在水中煮12分钟，关火后再在热水中泡发5分钟。

2.抱子甘蓝切碎。熏豆干切成小块。香菜洗净、沥干水分、切碎。

3.将橄榄油、意大利白酒醋、盐、黑胡椒碎混合调制成油醋汁，充分搅拌调匀。

4.将所有食材放入大沙拉盘中，浇上油醋汁，即刻享用。

注：布格麦可网购，也可用双粒小麦代替。

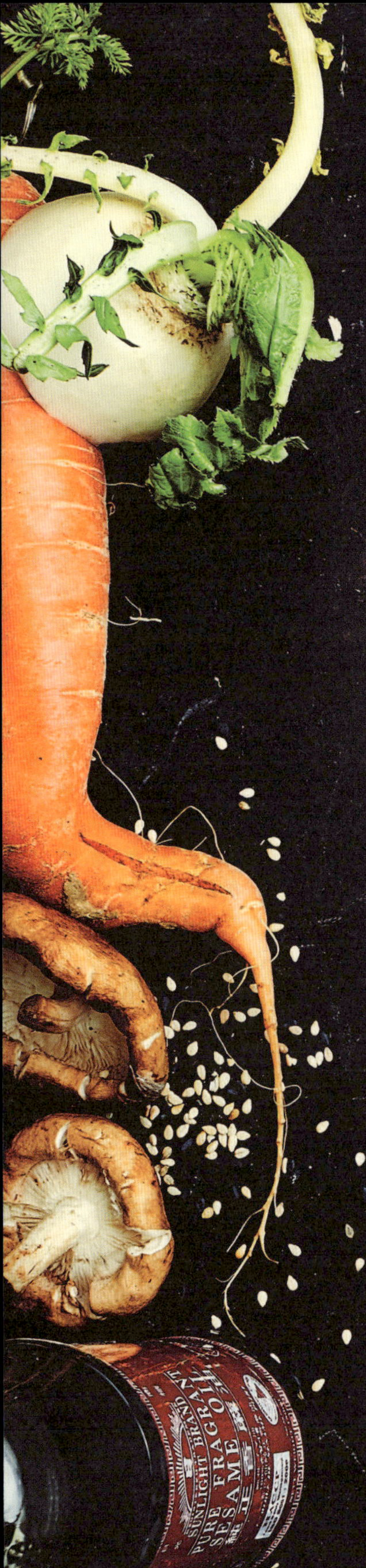

金枪鱼
蔬菜荞麦面

4人份 · 准备时间：15分钟 · 烹饪时间：10分钟 · 腌制时间：10分钟 · 理智之选

原料

荞麦面 320克	胡萝卜 4根
芝麻油 6汤匙	白萝卜 100克
酱油 4汤匙	黑芝麻 2咖啡匙
米醋 2汤匙	白芝麻 2咖啡匙
金枪鱼 320克	香菜 4枝
香菇 12个	盐、黑胡椒碎

做法：

1.将荞麦面放入滚水中煮5分钟至熟，再用冷水冲一下冷却。

2.制作油醋汁：将4汤匙芝麻油和酱油、米醋混合调匀。

3.金枪鱼用冷水洗净，沥干水分并切成小丁。浇上油醋汁，腌制10分钟。

4.在此期间，将香菇洗净，切片。锅中倒入剩下的芝麻油，油热后放入蘑菇片炒3~4分钟。

5.胡萝卜、白萝卜削皮，擦成细丝。

6.将所有食材放入沙拉盘中，撒上黑白芝麻和香菜，加入少许盐、黑胡椒碎调味（因为酱油已经是咸的了），即刻享用。

Tips

煮荞麦面时，为避免锅中水溢出，可以不时地加入冷水。

坚果

溏心蛋熏肉沙拉

4人份 · 准备时间：20分钟 · 烹饪时间：12分钟 · 静置时间：5分钟 · 实惠之选

原料

鸡蛋 4个
苦苣 8~12棵
欧芹 4枝
熏肉 320克
鲜核桃仁 10颗

油醋汁原料
胡桃油 4汤匙
西班牙红酒醋 3汤匙
盐、黑胡椒碎

做法：

1.在加了盐的滚水中煮鸡蛋，煮6分钟，取出后冲凉水冷却，剥去蛋壳，即成溏心蛋。

2.苦苣去根留取茎叶，洗净、沥干水分。欧芹洗净、沥干水分，留取叶片。

3.将熏肉切成1厘米厚的片，在平底锅中不放油煎5分钟至金黄色。

4.将橄榄油、西班牙红酒醋、盐、黑胡椒碎混合调制成油醋汁，充分搅拌调匀。

5.将所有食材放入沙拉盘中，浇上油醋汁，再次搅拌均匀，最后放上溏心蛋。

香肠
苹果沙拉

4人份 准备时间：20分钟 烹饪时间：12分钟 静置时间：5分钟 实惠之选

原料

黑麦面包 3片
猪肉肠 400克
黄油 20克
苹果 2个
混合生菜 80克
核桃 40克

油醋汁原料
核桃油 4汤匙
苹果醋 2汤匙
盐、黑胡椒碎

做法：

1.烤箱预热至180℃。将黑麦面包片放在烤盘上烤10~12分钟（使其跟薯片一样干脆）。

2.猪肉肠切成薄片。在平底锅中将黄油融化，放入猪肉肠煎8~10分钟至金黄色，期间翻面再煎。

3.苹果洗净，切成4块，去核，再切成薄片。

4.将混合生菜洗净、沥干水分。

5.将核桃油、苹果醋、盐、黑胡椒碎混合调制成油醋汁，充分搅拌均匀。

6.将所有食材放入沙拉盘中，浇上油醋汁，放上黑麦面包片，即刻享用。

土豆
蛾螺沙拉

4人份 · 准备时间: 15分钟 · 烹饪时间: 25分钟 · 实惠之选

原料

小土豆 600克
混合生菜 80克
蛾螺（熟）320克
大蒜 2小瓣
黄油 20克
欧芹 4枝
烟熏辣椒面 1汤匙

做法:

1.在加了盐的滚水中放入小土豆煮15分钟，晾凉后去皮，并切成圆片。

2.将混合生菜洗净、沥干水分。将蛾螺肉从壳中取出。大蒜切碎。

3.在平底锅中将黄油融化，加入土豆片、蛾螺肉、大蒜碎、烟熏辣椒面，用中火炒10分钟使其变成金黄色，期间不断搅动。

4.欧芹洗净、切碎。

5.将所有食材混合搅拌，即刻享用。

奶酪
土豆苦苣沙拉

4人份 · 准备时间：15分钟 · 烹饪时间：15~20分钟 · 实惠之选

原料

土豆 4个
猪膘肉 100克
苦苣 2棵
野苣 80克
康可洛特奶酪（cancoillotte ）1块
核桃仁 40克
欧芹 数枝

油醋汁原料
核桃油 3汤匙
意大利红酒醋 2汤匙
盐、黑胡椒碎

做法：

1.根据土豆大小不同，隔水蒸约15~20分钟，自然晾凉，再切成圆片。

2.将核桃油、意大利红酒醋、盐、黑胡椒碎混合调制成油醋汁，充分搅拌均匀。

3.在平底锅中，将猪膘肉煎4~6分钟。

4.将苦苣和野苣洗净、沥干水分，将苦苣切成块。

5.将除了奶酪以外的各种食材平均放在4个盘子中。

6.将奶酪放在土豆片上，再将油醋汁浇在苦苣和野苣上，撒上欧芹碎。

秋

AUTUMN

青豆
香肠沙拉

4人份 准备时间：20分钟 烹饪时间：30分钟 实惠之选

原料

青豆 150克
香肠 4根
紫甘蓝 200克
香叶芹 4枝

油醋汁原料
黄芥末酱 2咖啡匙
意大利红酒醋 2汤匙
橄榄油 4汤匙
盐、黑胡椒碎

做法：

1.将青豆倒入锅中，倒入其体积2.5倍的水。盖上锅盖煮30分钟，最后加盐，捞出后沥干水分。

2.在微微沸腾的水中煮香肠，沥干水分后切成圆片。

3.紫甘蓝、香叶芹切碎。

4.将黄芥末酱、意大利红酒醋、橄榄油、盐、黑胡椒碎混合调制成油醋汁，充分搅拌均匀。

5.将所有食材放在沙拉盘中搅拌，撒上香叶芹碎，即刻享用。

酥皮丝
虾卷蘑菇血橙沙拉

4人份 准备时间：30分钟 烹饪时间：5分钟 实惠之选

原料

咖喱粉 1汤匙
虾 16只
酥皮丝 100克
牛油果 1个
白蘑菇 4个
血橙 2个
野苣 80克
橄榄油 4汤匙

油醋汁原料
橄榄油 4汤匙
意大利红酒醋 2汤匙
盐、黑胡椒碎

做法：

1.将咖喱粉放在小碗中，把虾放在咖喱粉里滚一下。再把虾用酥皮丝包起来。

2.牛油果去皮去核，同白蘑菇一起，都切成薄片。将野苣洗净，清除根部的沙子。血橙去皮，掰成瓣。

3.锅中加热橄榄油，放入包裹了酥皮丝的虾卷，煎5分钟，期间不断翻转。

4.将橄榄油、意大利红酒醋、盐和黑胡椒碎混合调制成油醋汁，充分搅拌均匀。

5.将所有食材放入沙拉盘中，浇上油醋汁，即刻享用！

鸡蛋熏肉沙拉

4人份 · 准备时间: 25分钟 · 烹饪时间: 25~30分钟 · 实惠之选

原料

大葱 8根
鸡蛋 6个
熏肉片 8片

酱汁
腌酸黄瓜 6根
腌小洋葱 6个
黑橄榄 6颗
黄芥末酱 1汤匙
葵花籽油 200毫升
西班牙红酒醋 2汤匙
香叶芹碎 1汤匙
盐、黑胡椒碎

做法:

1.大葱取葱白，略保留少许葱绿。用冷水洗净。根据粗细，上锅蒸20~25分钟。

2.将4个鸡蛋煮熟，剥壳。

3.平底锅中放入熏肉片，煎3~4分钟。

4.制作酱汁: 将剩余2个生鸡蛋的蛋黄与蛋白分离，将蛋白、腌酸黄瓜、腌小洋葱、黑橄榄切成块。用叉子将蛋黄碾碎，加入黄芥末酱，一边滴入少许橄榄油，一边用打蛋器打散。再加入西班牙红酒醋和剩余的食材，撒上盐和黑胡椒碎调味。

5.将大葱置于盘中，将剩下的4个煮鸡蛋切成两半，放在大葱和熏肉上，浇上自制蛋黄酱，即刻享用。

印度奶酪沙拉

4人份 · 准备时间：20分钟 · 腌制时间：1小时 · 烹饪时间：5~6分钟 · 实惠之选

原料

胡萝卜 2根
欧防风 1根
圆白菜 300克
印度奶酪（paneer，又名印度奶豆腐）120克
葵花籽油 1汤匙
咖喱粉 2汤匙
蜂蜜 2汤匙
西班牙白酒醋 100毫升
葡萄干 60克
橄榄油 5汤匙
香菜 4枝
薄荷 4枝

做法：

1.胡萝卜和欧防风削皮，圆白菜去掉最外层的一层菜叶。将圆白菜、胡萝卜、欧防风都切成丝。

2.将印度奶酪切成块，在咖喱粉里滚一下。锅中倒入葵花籽油，将印度奶酪放入煎2~3分钟，直至其呈金色。

3.锅中放入剩下的咖喱粉、蜂蜜和西班牙白酒醋，煮沸后晾凉。

4.在大个容器中，放入圆白菜、胡萝卜、欧防风丝和葡萄干，将锅中的酱汁倒入，放入冰箱冷藏腌制1小时。

5.最后加入印度奶酪、橄榄油、香菜、薄荷叶，即刻享用。

注：印度奶酪可网购。

牛肉
烤南瓜沙拉

4人份 · 准备时间: 30分钟 · 烹饪时间: 45分钟 · 实惠之选

原料

南瓜 半个
牛至粉 2咖啡匙
辣椒粉 半咖啡匙
橄榄油 3汤匙
榛子 40克
黄油 20克
牛里脊 400克
混合生菜 80克
帕尔马干酪碎 20克
烧烤汁 适量

油醋汁原料
橄榄油 3汤匙
榛子油 1汤匙
盐、黑胡椒碎
西班牙赫雷斯（Jerez）红酒醋 2汤匙

做法:

1.烤箱预热至180℃。

2.南瓜洗净、沥干水分、去籽，切成大块，放在浇了一层烧烤汁的烤盘上。将牛至粉、辣椒粉和2汤匙橄榄油混合后抹在南瓜上，放入烤箱烤40分钟。

3.在此期间，用平底锅烘烤榛子，不用放油。再用平底锅将黄油融化，并加入1匙橄榄油。

4.将牛里脊放入锅中煎成两面金黄，煎3~4分钟。关火后，再将牛里脊切成薄片。

5.混合生菜洗净、沥干水分。

6.将橄榄油、榛子油、赫雷斯红酒醋、盐和黑胡椒碎混合调制成油醋汁，充分搅拌均匀。

7.将所有食材混合，浇上油醋汁，最后撒上帕尔马干酪碎。

扇贝刺身
芒果牛油果沙拉

4人份 准备时间: 20分钟 冷冻时间: 20分钟 昂贵之选

原料

大扇贝（无壳） 12颗
芒果 1个
牛油果 2个
烤法棍面包 半根
黄油 适量

油醋汁原料
百香果 2个
青柠檬 半个 挤汁
橄榄油 8汤匙
盐、黑胡椒碎

做法:

1.将扇贝用冷水冲洗，沥干水分后放入冰箱冷冻20分钟，使其肉质紧实，也方便切用。

2.芒果和牛油果削皮，切成片或小块。

3.在碗中将百香果果肉和柠檬汁、橄榄油、盐、黑胡椒碎混合。

4.用尖刀将扇贝切成片，一片片地摆在盘中。再放上牛油果和芒果块，浇上油醋汁。搭配烤法棍面包和黄油享用。

秋

AUTUMN

羽衣甘蓝
金枪鱼藜麦沙拉

4人份 · 准备时间：25分钟 · 烹饪时间：12分钟 · 实惠之选

原料

藜麦 160克
西柚 1个
橙子 1个
柠檬 1个
紫甘蓝 60克
红菜头（熟） 100克
羽衣甘蓝 2片
金枪鱼（生） 280克
混合瓜子 4汤匙（南瓜籽、葵花籽等）

油醋汁原料
葡萄籽油 4汤匙
柑橘 2个
盐、黑胡椒碎

做法：

1.用冷水反复冲洗藜麦，以去除其苦涩味，再放入320克水中煮12分钟。

2.将柑橘的果皮削去（榨出果汁，用来做油醋汁），再将果肉掰成瓣。

3.紫甘蓝切成丝，红菜头切成小丁。

4.将羽衣甘蓝洗净、沥干水分，将中间的粗梗去掉，把叶片撕成小块。

5.用冷水冲洗金枪鱼，沥干后切成块。

6.将葡萄籽油、柑橘果汁、盐、黑胡椒碎混合调制成油醋汁，充分搅拌均匀。

7.将所有食材混合，浇上油醋汁，即刻享用。

燕麦饼
粗粮沙拉

4人份 · 准备时间：35分钟 · 静置时间：15分钟 · 烹饪时间：8分钟 · 实惠之选

原料

鸡蛋 半个
米莫雷特芝士（Mimolette） 50克
洋葱 1个
荞麦 40克
小米 40克
藜麦 40克
牛奶（或豆奶） 110毫升
咖喱 1咖啡匙
胡萝卜 2根
欧防风 2根
混合生菜 80克
香菜 4枝
橄榄油 2汤匙

油醋汁原料
橄榄油 3汤匙
西班牙赫雷斯红酒醋 2汤匙
盐、黑胡椒碎

做法：

1.将半个鸡蛋打成蛋液，米莫雷特芝士切丝，洋葱剥开外皮后切丝。

2.将所有的粗粮与牛奶和咖喱混合，加入盐、黑胡椒碎。再加入米莫雷特芝士、打散的蛋液和洋葱丝，浸泡15分钟。

3.将胡萝卜和欧防风削皮、切丝。混合生菜洗净、沥干水分。香菜切碎。

4.在平底锅中加热橄榄油，将泡发的粗粮混合物做成粗粮饼。将粗粮饼放入锅中煎8分钟，期间翻面再煎。

5.将橄榄油、赫雷斯红酒醋、盐、黑胡椒碎混合调制成油醋汁，充分搅拌均匀。

6.将混合生菜和香菜碎混合搅拌，浇上油醋汁，搭配粗粮饼享用。

僧侣头奶酪
牛肉塔塔沙拉

4人份 · 准备时间: 15分钟 · 明智之选

原料

生牛肉片 400克
大橘子 4个 或 小橘子 8个
白蘑菇 8个
僧侣头奶酪（Tetede Moine） 120克
百里香 4枝

油醋汁原料
柠檬 1个
小橘子 2个
橄榄油 4汤匙
盐、黑胡椒碎

做法:

1.挤出柠檬和2个小橘子的果汁，加入橄榄油调匀。加入盐、黑胡椒碎。

2.将其他橘子的皮剥掉，掰成瓣。

3.将白蘑菇洗净，切去根部，再切成薄片。

4.将生牛肉片放入4个盘子中铺底。

5.再用橘子瓣、白蘑菇片和僧侣头奶酪摆盘。

6.浇上油醋汁，撒上百里香，即刻享用。

烤红薯
羊奶白干酪沙拉

4人份 准备时间: 10分钟 烹饪时间: 35分钟 明智之选

原料

红薯 800克
橄榄油 6汤匙
卡真香料粉（瓶装） 4汤匙
培根 8片
槭树糖浆 4汤匙
羊奶白干酪 280克
蔓越莓 40克
碧根果仁 40克
欧芹 2枝
盐、黑胡椒碎

做法:

1.烤箱预热至180℃。

2.红薯削皮后，切成1厘米厚的片。

3.将红薯片放在盘中，浇上4汤匙橄榄油和卡真香料，使其充分沾匀香料。

4.将红薯片放在铺了烘焙纸的烧烤盘上，放入烤箱烤30分钟，中间翻一次面。

5.将培根放入热平底锅中，浇上槭树糖浆，令其先变成金黄，再焦化，约5~6分钟。

6.将羊奶白干酪切成大块。

7.将所有食材放入盘中，撒上欧芹碎，浇上剩下的橄榄油，加入盐、黑胡椒碎调味，即刻享用。

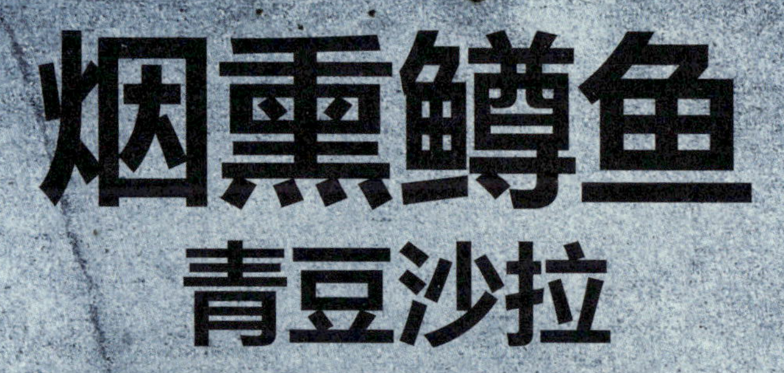

烟熏鳟鱼
青豆沙拉

4人份 · 准备时间: 15分钟 · 浸泡时间: 12小时 · 烹饪时间: 40分钟 · 实惠之选

原料

青豆粒 200克
烟熏鳟鱼 120克
龙蒿菜 2枝

油醋汁原料
蜂蜜 1汤匙
黄芥末酱 1咖啡匙
橄榄油 3汤匙
意大利白酒醋 2汤匙
盐、黑胡椒碎

做法:

1.前一天晚上，将青豆用水浸泡12小时。做沙拉的当天，将青豆冲洗干净，再放入青豆体积3~4倍的水，煮40分钟，捞出。

2.将烟熏鳟鱼切成1厘米长的片。龙蒿菜洗净，切碎。

3.将蜂蜜、黄芥末酱、橄榄油、意大利白酒醋、盐和黑胡椒碎混合调制成油醋汁，充分搅拌均匀。

4.将所有食材放入沙拉盘中，浇上油醋汁，即刻享用。

冬蔬
布格麦沙拉

4人份 · 准备时间: 25分钟 · 烹饪时间: 25分钟 · 实惠之选

原料

贝贝南瓜 200克
欧防风 2根
羽衣甘蓝 4片
榛子油 8汤匙
摩洛哥混合香料 1汤匙
布格麦 240克
榛子 40克
培根 4片
栗子 100克

做法:

1.将贝贝南瓜和欧防风削皮，切成块。

2.将羽衣甘蓝洗净、沥干水分，将菜心的粗纤维去掉后，切成片。

3.在平底锅中加入4汤匙榛子油。油热后，加入南瓜、欧防风、羽衣甘蓝和摩洛哥混合香料，不断搅动，炒5分钟后至金黄色。平底锅中加入500毫升水，盖上锅盖，再煮15分钟。

4.在此期间，用另一口锅煮水580毫升，放入布格麦煮15分钟。

5.所有食材自然晾凉。将榛子放入平底锅中炒出香味，再捣碎成块。

6.用平底锅把培根的两面都煎一下，煎3~4分钟，煎好后切碎。

7.将栗子捣碎成大块。

8.将剩下的榛子油和所有食材混合搅拌，加入盐、黑胡椒碎，即刻享用。

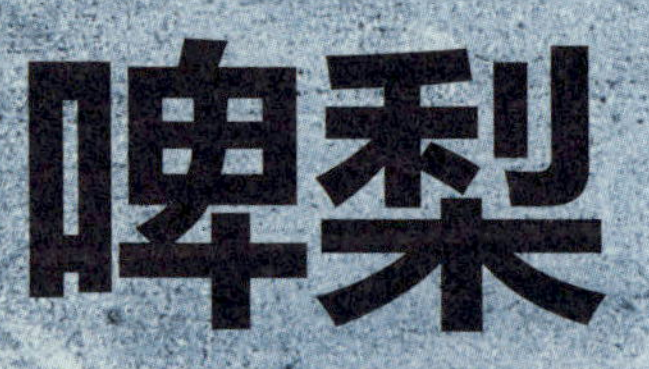

啤梨
溏心蛋扁豆能量碗

4人份 · 准备时间: 25分钟 · 烹饪时间: 35~40分钟 · 实惠之选

原料

扁豆 150克
红洋葱 半个
啤梨 1个
欧芹 4枝
鸡蛋 4个
混合瓜子（亚麻籽、芝麻、南瓜子、葵花籽等）2汤匙

油醋汁原料
橄榄油 4汤匙
意大利白酒醋 2汤匙
盐、黑胡椒碎

做法:

1.将扁豆放入平底锅中，加入2.5倍的水，盖上锅盖煮30分钟。煮熟后取出，沥干水分备用。

2.将红洋葱去皮，切碎。啤梨削皮，去核去籽，再切成小丁。欧芹洗净，切碎。

3.将鸡蛋放入加了盐的沸水中煮6分钟，捞出后立即放入冰水中，即成溏心蛋。剥壳后，在混合瓜子中滚一滚。

4.将橄榄油、意大利白酒醋、盐和黑胡椒碎混合调制成油醋汁，充分搅拌均匀。

5.将扁豆、啤梨丁、红洋葱混合，浇上油醋汁，撒上欧芹碎。将粘满了混合瓜子的溏心蛋放在最上面。

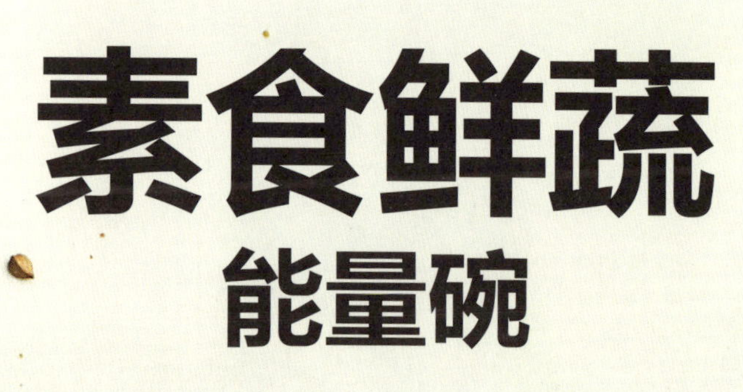

素食鲜蔬能量碗

4人份 · 准备时间: 15分钟 · 烹饪时间: 50分钟 · 实惠之选

原料

黑米 240克
石榴 半个
菠菜叶 125克
熏豆腐干 200克
咖喱粉 半咖啡匙
蜂蜜 2汤匙
橄榄油 1咖啡匙
混合瓜子（亚麻籽、芝麻、南瓜籽等） 4咖啡匙

油醋汁原料
橄榄油 4汤匙
意大利白酒醋 2汤匙
盐、黑胡椒碎

做法:

1.将黑米煮熟，约45分钟。

2.石榴剥成粒。菠菜叶洗净、沥干水分。熏豆腐干切成小丁。

3.平底锅中加入橄榄油，油热后放入豆腐干，加入蜂蜜和咖喱粉，炒5分钟。

4.将橄榄油、意大利白酒醋、咖喱粉、盐和黑胡椒碎混合调制成油醋汁，充分搅拌均匀。

5.将所有食材放入沙拉盘中，浇上油醋汁，食用前撒上混合瓜子。

冬

WINTER

腌鲱鱼
海藻土豆沙拉

4人份 · 准备时间: 10分钟 · 烹饪时间: 15~20分钟 · 实惠之选

原料

土豆 600克
腌鲱鱼（罐头装）4块
红洋葱 半个
海藻片 3汤匙

油醋汁原料
腌鲱鱼罐头中的油 4汤匙
西班牙红酒醋 4汤匙
盐、黑胡椒碎

做法:

1.在加了盐的水中煮土豆，约15~20分钟，捞出后沥干水分，切片。

2.将腌鲱鱼切成2厘米宽的段。洋葱去皮，切成薄片。

3.将腌鲱鱼油、西班牙红酒醋、盐和黑胡椒碎混合搅拌调制成油醋汁。

4.将土豆片、腌鲱鱼、洋葱片放入沙拉盘中，浇上油醋汁。食用前，撒上海藻片。

金枪鱼
姜丝红菜头能量碗

4人份 · 准备时间: 20分钟 · 烹饪时间: 12分钟 · 实惠之选

原料

米饭 240克
红菜头（熟）400克
金枪鱼（罐头装）240克
欧芹 4枝
姜丝 2汤匙

油醋汁原料
橄榄油 6汤匙
树莓醋 3汤匙
盐、黑胡椒碎

做法:

1.将米饭煮熟。

2.红菜头削皮，切成小块。欧芹洗净、沥干水分、切碎。

3.将金枪鱼从罐头盒中取出，沥干汁水，用叉子弄碎成块。

4.将橄榄油、树莓醋、盐和黑胡椒碎混合调制成油醋汁，搅拌均匀。

5.将所有食材放入沙拉盘中，浇上油醋汁，撒上欧芹碎和姜丝，放入冰箱冷藏片刻再食用。

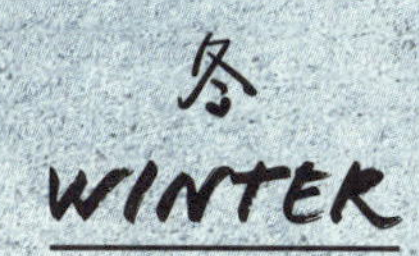
冬
WINTER

三文鱼籽
毛豆荞麦面

4人份 · 准备时间: 25分钟 · 烹饪时间: 6分钟 · 理智之选

原料

荞麦面 320克
鸡蛋 4个
白砂糖 4咖啡匙
清酒 8咖啡匙
芝麻油 1汤匙
盐 1小撮
毛豆 120克
三文鱼籽 80克
海苔碎 1汤匙

<u>酱汁原料</u>
日式味淋 500毫升
酱油 500毫升
日式上汤粉 5克

做法:

1.将日式味淋煮沸,随后加入酱油,继续煮30秒,最后加入日式上汤粉,搅拌后晾凉。

2.将荞麦面煮熟,约6分钟。捞出沥干水分后晾凉。

3.将鸡蛋打成蛋液,加入白砂糖和清酒。在平底锅中加热芝麻油,将蛋液摊成薄蛋饼,切成细丝。

4.把毛豆的皮剥去。

5.将所有食材放入大沙拉盘中,浇上酱汁,即刻享用。

SAKE

血肠
菠萝椰肉沙拉

4人份 · 准备时间: 30分钟 · 烹饪时间: 5分钟 · 实惠之选

原料

血肠 4根(约65克)
菠萝 200克
黄油 15克
椰肉 60克
混合生菜 80克

油醋汁原料
橄榄油 3汤匙
青柠檬 半个 挤汁
盐、黑胡椒碎

做法:

1.将血肠外面的肠衣除去,切成圆片。

2.菠萝削皮后,切成大块。

3.在平底锅中将黄油融化。加入菠萝、血肠和椰肉,煎5分钟,期间不断搅拌。

4.将橄榄油、青柠汁、盐和黑胡椒碎混合调制成油醋汁,充分搅拌均匀。

5.将所有食材放入沙拉盘中,浇上油醋汁,常温下食用。

土豆

沙丁鱼刺山柑酱沙拉

4人份 · 准备时间: 20分钟 · 烹饪时间: 25~30分钟 · 实惠之选

原料

土豆 600克
面包片 8片
混合生菜 适量
沙丁鱼（罐头装） 8条

刺山柑花蕾原料
刺山柑（câpres，瓶装） 120克
大蒜 2瓣
橄榄油 50毫升
盐、黑胡椒碎

做法:

1.根据大小不同，将土豆隔水蒸15~20分钟，晾凉后，去皮并切成小块。

2.将烤箱调节至烧烤模式，将面包片放入烤3~4分钟。

3.混合生菜洗净、沥干水分。

4.用小搅拌棒将刺山柑、大蒜和橄榄油搅碎。加入盐（但不要加太多，刺山柑也是咸的）和黑胡椒碎调味。

5.在盘中放入适量混合生菜和土豆。在每片面包上放1条沙丁鱼，再抹2~3匙刺山柑酱，放入盘中。

冬
WINTER

鲜甜
福尼奥米
素食能量碗

4人份 · 准备时间: 20分钟 · 烹饪时间: 10分钟 · 实惠之选

原料

福尼奥米(fonio) 100克
混合生菜 60克
腌柠檬 半个
葡萄干 40克
杏仁 40克
混合瓜子(南瓜籽、葵花籽、亚麻籽等)40克
碧根果仁 40克
蔓越莓 40克

油醋汁原料
血橙 1个
柠檬 1个
橄榄油 2汤匙

做法:

1.将福尼奥米煮熟，约煮8分钟。混合生菜洗净、沥干水分。将腌柠檬切成小块。

2.将混合瓜子放在热平底锅中烤2~3分钟，再继续将杏仁和碧根果仁烤一下，烤好后捣碎成块。

3.将血橙和柠檬挤汁。将橄榄油、橙汁和柠檬汁混合搅拌调制成油醋汁。

4.将所有食材放入沙拉盘中，浇上油醋汁。

注：福尼奥米(fonio)为非洲地区的一种主食。可网购。

榛子碎
裹羊奶酪沙拉

4人份 · 准备时间: 20分钟 · 烹饪时间: 6~8分钟 · 明智之选

原料

鸡蛋 1个
面粉 8汤匙
榛子粉 60克
卡贝库羊奶酪（Cabécou）3块
黄油 20克
混合生菜 120克
榛子 40克
椰枣 8颗

油醋汁原料
榛子油 4汤匙
西班牙赫雷斯红酒醋 2汤匙
盐、黑胡椒碎

做法:

1.将鸡蛋打成蛋液。将面粉、蛋液、榛子粉分别放入3个盘子中。把每块羊奶酪按顺序依次在3个盘子里蘸一下。

2.在平底锅中将黄油融化，放入羊奶酪，将两面煎至金黄，约煎3~4分钟。

3.将混合生菜洗净、沥干水分。将榛子捣碎成大块。椰枣去核后切成小块。

4.将榛子油、赫雷斯红酒醋、盐和黑胡椒碎混合调制成油醋汁，充分搅拌均匀。

5.在大沙拉盘中，将混合生菜、椰枣、榛子混合，浇上油醋汁，放上煎好的羊奶酪。

羊奶酪
核桃苦苣沙拉

4人份 · 准备时间: 15分钟 · 烹饪时间: 10分钟 · 实惠之选

原料

红苦苣 4根
白苦苣 4根
烟熏猪肉 280克
核桃面包 4片

洛克福羊奶酪（Roquefort cheese）160克
鲜核桃仁 16颗
香叶芹 4枝

油醋汁原料
核桃油 6汤匙
核桃醋 3汤匙
盐、黑胡椒碎

做法:

1.将苦苣外层的老叶剥去，切除根部，将苦苣叶切成2厘米长的块。

2.将烟熏猪肉切成1厘米厚、2厘米宽的片。放入平底锅中，大火煸炒5分钟。

3.将烤箱调节至烧烤模式。

4.将洛克福羊奶酪涂抹在核桃面包片上，将面包放在铺了烘焙纸的烤盘上，放入烤箱烤5分钟。

5.将核桃油、核桃醋、盐和黑胡椒碎混合调制成油醋汁，充分搅拌均匀。

6.将所有食材放入沙拉盘中，浇上油醋汁，撒上香叶芹，搭配奶酪面包一起吃。

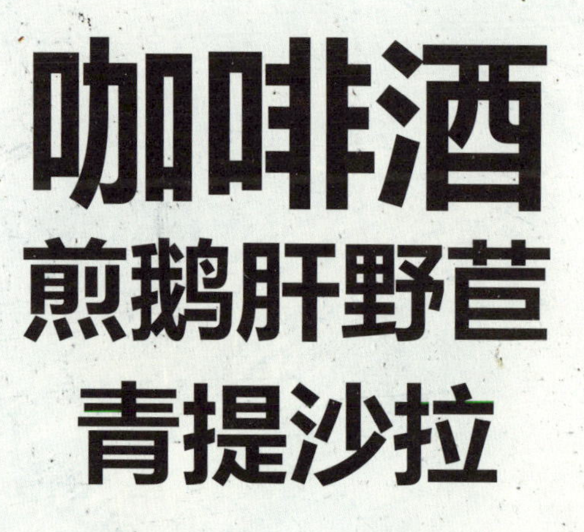

咖啡酒煎鹅肝野苣青提沙拉

4人份 · 准备时间: 20分钟 · 烹饪时间: 4分钟 · 昂贵之选

原料

野苣 100克
烤榛子 40克
青提 80克
面包心 4片
意大利红酒醋 2汤匙
鹅肝 500克
咖啡酒 8汤匙
香叶芹 4枝

做法:

1.将野苣洗净、沥干水分。榛子捣成大块。青提每个切成两半。将面包心略烤。

2.将榛子油和意大利红酒醋混合搅拌，备用。

3.将鹅肝切成1厘米厚的片。

4.在平底锅中，将鹅肝每面煎2分钟。随后倒入咖啡酒。

5.将野苣和青提放入盘中，浇上油醋汁。

6.摆上面包心和鹅肝片，撒上榛子碎和香叶芹，即刻享用。

咖喱
金合欢蛋沙拉

4人份 · 准备时间: 20分钟 · 烹饪时间: 12分钟 · 实惠之选

原料

鸡蛋 6个
蛋黄酱 6汤匙
咖喱粉 1汤匙
混合生菜 100克
樱桃番茄干 4个

油醋汁原料
橄榄油 3汤匙
西班牙红酒醋 2汤匙
盐、黑胡椒碎

做法:

1.鸡蛋煮熟，去壳后切成两半。

2.将蛋黄取出，用小汤匙碾碎。将蛋黄碎和蛋黄酱、咖喱粉混合搅拌均匀，加入盐、黑胡椒碎调味。

3.用一个装了裱花嘴的裱花袋将蛋黄装饰性地挤在蛋白上，做成金合欢蛋。

4.将混合生菜洗净、沥干水分。

5.将橄榄油、西班牙红酒醋、盐和黑胡椒碎混合搅拌均匀。

6.将樱桃番茄干切成小块。

7.将混合生菜和樱桃番茄干放入盘中，浇上油醋汁，放上金合欢蛋。可搭配天然酵母面包享用。

冬

WINTER

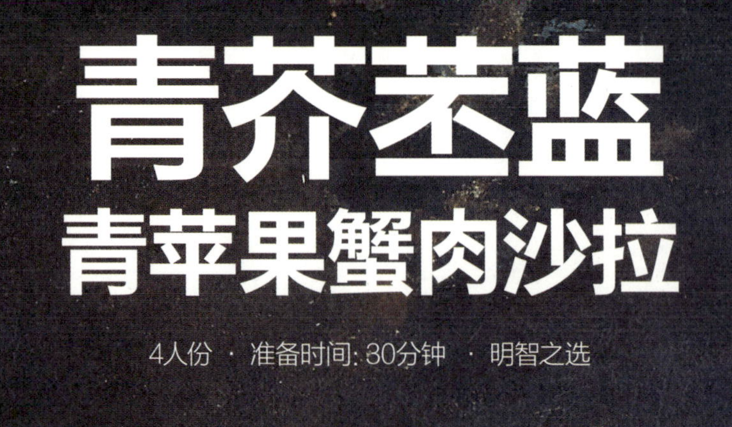

青芥茎蓝
青苹果蟹肉沙拉

4人份 · 准备时间: 30分钟 · 明智之选

原料

蛋黄酱 100克
青芥末 1咖啡匙
茎蓝 400克
蟹肉 280克
青苹果 2个
香叶芹 2枝
盐、黑胡椒碎

做法:

1.将蛋黄酱和青芥末混合搅拌。茎蓝削皮后切成细丝，再加入蛋黄芥末酱搅拌均匀。

2.苹果洗净，切成小块。香叶芹洗净，切碎。

3.将所有食材放入沙拉盘中，加入盐、黑胡椒碎调味，即刻享用。

红菜头
苹果鲭鱼沙拉

4人份 · 准备时间：20分钟 · 明智之选

原料

全麦法棍面包 半根
黑椒鲭鱼肉（罐头装） 200克
马斯卡彭奶酪 60克
青柠檬 1个
红菜头 1个
青苹果 1个
南瓜籽 2汤匙
葵花籽 2汤匙
香菜 4枝

油醋汁原料
葡萄籽油 4汤匙
苹果醋 2汤匙
盐、黑胡椒碎

做法：

1.将烤箱调节至烧烤模式。将全麦法棍面包切成薄片，放入烤箱烤2分钟。

2.将青柠檬皮擦成细丝备用。将柠檬挤出4汤匙柠檬汁。

3.将鲭鱼鱼皮剥下，与马斯卡彭奶酪和柠檬汁混合。

4.红菜头削皮，切成片。用同样的办法处理苹果。将红菜头片和苹果片一片片地摆在盘子上。

5.热平底锅中，干炒葵花籽和南瓜籽2~3分钟，直至炒出香味。

6.将葡萄籽油、苹果醋、盐和黑胡椒碎混合调制成油醋汁，充分搅拌均匀。

7.将鲭鱼肉抹在面包片上，撒上香菜碎，以及烤过的混合瓜子和柠檬丝。浇上油醋汁，即刻享用。

泰式
牛肉沙拉

4人份 · 准备时间: 25分钟 · 实惠之选

原料

生牛肉片 400克
大白菜 240克
胡萝卜 240克
黄瓜 240克
红辣椒 1小根
花生 4汤匙
薄荷 4枝
香菜 4枝

酱汁原料
鱼露 4汤匙
酱油 4汤匙
青柠檬挤汁 1个
蚝油 4汤匙

做法:

1.将大白菜切碎，胡萝卜和黄瓜洗净、沥干水分。

2.将胡萝卜切丝，黄瓜切成薄片。红辣椒去籽，切碎。

3.将花生捣碎。薄荷和香菜洗净、沥干水分、切碎，留作最后装饰用。

4.将所有制作酱汁的原料混合，搅拌均匀。

5.将所有食材放入大沙拉盘中，浇上酱汁。撒上花生碎、薄荷和香菜碎，即刻享用。

冬
WINTER

菠萝榛子
薄荷鸭胸沙拉

4人份 · 准备时间：15分钟 · 明智之选

原料

鸭胸肉 400克
菠萝果肉 240克
混合生菜 80克
榛子 40克
薄荷 4枝
鸭油 40克

油醋汁原料
榛子油 4汤匙
酱油 4汤匙
黑胡椒碎

做法：

1.切去鸭胸肉上的脂肪，再将鸭肉切成小块。放在平底锅中煎熟。

2.混合生菜洗净、沥干水分。榛子捣碎成块。

3.将榛子油、酱油和黑胡椒碎混合调制成油醋汁。

4.将所有食材放入沙拉盘中，浇上油醋汁，撒上薄荷叶。

注：无需加盐，因为酱油已经很咸了。

冬
WINTER

棕榈心
玉米蛋沙拉

4人份 · 准备时间: 15分钟 · 烹饪时间: 13分钟 · 实惠之选

原料

鸡蛋 2个
棕榈心 80克
杏仁 20克
苹果 1个
番茄 2个
无核黑橄榄 10颗
玉米 70颗
刺山柑（瓶装） 12颗

油醋汁
葵花籽油 4汤匙
意大利红酒醋 2汤匙
芥末籽 2汤匙
欧芹碎 2汤匙
盐、黑胡椒碎

做法：

1.玉米煮熟，用凉水冷却。

2.鸡蛋煮熟，晾凉后剥壳。

3.将棕榈心切成小块。

4.将杏仁捣成块。鸡蛋切成4块。

5.苹果洗净后切成小块。

6.番茄洗净，每个切成6块。根据大小，把每颗橄榄都切成2~3小片。

7.将葵花籽油、意大利红酒醋、芥末籽、欧芹碎、盐和黑胡椒碎混合调制成油醋汁，充分搅拌均匀。

8.将所有食材放入沙拉盘中，浇上油醋汁。

冬
WINTER

鸡肉藜麦
菠萝椰子沙拉

4人份 · 准备时间: 15分钟 · 烹饪时间: 20分钟 · 实惠之选

原料

藜麦 160克
椰肉 4汤匙
菠萝 160克
鸡肉 240克
黄油 15克
橄榄油 2汤匙
香菜 4枝

油醋汁原料
橄榄油 6汤匙
印度玛沙拉香料（瓶装） 1汤匙
混合生菜 80克
意大利白酒醋 3汤匙

做法:

1.用冷水反复冲洗藜麦，以去除苦涩的口感。放入锅中煮15分钟，沥干水分后用凉水冲洗，晾凉。

2.在平底锅中，将椰肉煎至金黄。

3.菠萝削皮，切大块。鸡肉切成条。

4.在平底锅中，将黄油和1汤匙橄榄油加热。再加入鸡肉条和玛沙拉香料。煎8分钟，期间不断翻炒。

5.加入菠萝块。

6.混合生菜洗净，沥干水分。香菜洗净、沥干水分，只取叶备用。

7.将橄榄油、意大利白酒醋、盐和黑胡椒碎混合调制成油醋汁，充分搅拌均匀。

8.将所有食材放入沙拉盘中，浇上油醋汁，即刻享用。

冬

WINTER

金枪鱼塔塔
扁豆橘柚沙拉

4人份 · 准备时间: 15分钟 · 烹饪时间: 30分钟 · 实惠之选

原料

扁豆 150克
橙子 1个
青柠檬 1个
西柚 1个
金枪鱼肉 280克
香菜 4枝

油醋汁原料
橄榄油 6汤匙
柑橘汁 5汤匙
豆蔻粉 半咖啡匙
香菜粉 半咖啡匙
盐、黑胡椒碎

做法:

1.将扁豆煮熟，随后加盐，沥干水分后备用。
2.将橙子、西柚去皮后挤汁，再将果肉掰成瓣。
3.用冷水冲洗金枪鱼，沥干水分并切成1厘米宽的小丁。
4.香菜洗净、切碎。
5.将橄榄油、柑橘汁、豆蔻粉、香菜粉、盐和黑胡椒碎混合调制成油醋汁，充分搅拌均匀。
6.将所有食材放入沙拉盘中，浇上油醋汁，撒上香菜碎，即刻享用。

疯狂沙拉

4人份 · 准备时间：15分钟 · 烹饪时间：10分钟 · 昂贵之选

原料

香料面包 4片
混合生菜 120克
腌鸡肫 200克
鸭胸肉 80克
鸭肝 200克
黑葡萄 80克
烤榛子 40克

油醋汁原料
葡萄籽油 4汤匙
意大利红酒醋 2汤匙
盐、黑胡椒碎

做法：

1.将烤箱调节至烧烤模式。将香料面包片切成条，放在烤盘上，放入烤箱烤5分钟。

2.用平底锅加热腌鸡肫，随后用厨房纸吸干油脂。将鹅肝切成大块。

3.用热平底锅干烤榛子，2~3分钟后取出，捣碎成大块。

4.将黑葡萄洗净、沥干水分、去籽。混合生菜洗净、沥干水分。

5.将葡萄籽油、意大利红酒醋、盐和黑胡椒碎混合调制成油醋汁，充分搅拌均匀。

6.将所有食材放入大沙拉盘中，与温热的香料面包一起，即刻享用。

泰式拉巴木
炒猪肉末沙拉

4人份 · 准备时间: 25分钟 · 烹饪时间: 3~4分钟 · 实惠之选

原料

黏米 15克
猪肉 400克
红洋葱 1个
白洋葱头 1个
柠檬草 3根
高良姜 15克
薄荷 6枝
菜籽油 2汤匙
鱼露 4汤匙
青柠檬 1个 挤汁
甜菜叶 数叶
盐、黑胡椒碎

做法:

1.在热锅中将黏米烘烤2分钟。当米变黄时,用搅拌棒将其搅成粉末状,或用研磨器将其磨碎。

2.将猪肉打成肉馅。

3.红白洋葱去皮。柠檬草去掉最外面的老叶,将最鲜嫩的叶片切碎。

4.用搅拌器分别将红白洋葱、高良姜和薄荷叶搅碎。

5.锅中倒入菜籽油,放入猪肉馅大火翻炒1~3分钟。

6.将鱼露、红白洋葱碎、柠檬汁和米粉混合调匀。

7.如果需要,根据个人口味重新加入盐、黑胡椒碎调味。

8.将炒好的猪肉末放在洗净、沥干水分的甜菜叶上。

注:如果买不到食材中的高良姜,用普通的姜代替也可以。

阿根廷大蒜酱

鸡肉沙拉

4人份 · 准备时间: 25分钟 · 烹饪时间: 8~10分钟 · 实惠之选

原料

鸡肉 240克
橄榄油 2汤匙
白洋葱 1个
香菜 2根
玉米粒 250克
红豆(熟) 250克
盐、黑胡椒碎

阿根廷大蒜酱原料
大蒜 1小瓣
白洋葱 2个
香菜 10枝
橄榄油 150毫升
绿咖喱膏 1汤匙

做法:

1.制作阿根廷大蒜酱: 将洋葱的外皮剥去, 保留5厘米的绿色部分。香菜洗净、沥干水分后, 取叶。将所有制作酱汁的食材放入搅拌器搅打成酱, 如果酱太稠了, 可添加少许橄榄油。

2.将鸡肉切成条。在平底锅中加入少许橄榄油, 放入鸡肉, 加入盐、黑胡椒碎调味, 根据鸡肉薄厚煎8~10分钟至金色, 中间翻一次面。

3.在沙拉盘中, 将玉米、红豆、鸡肉条、洋葱和香菜叶混合, 浇上酱汁, 搅拌均匀, 即刻享用。

图书在版编目（CIP）数据

减脂沙拉·能量碗 /（法）苏菲·德普丽·高缇耶著；（法）纪尧姆·孔泽尔摄影；张紫怡译. — 北京：电子工业出版社，2019.3

ISBN 978-7-121-36156-2

Ⅰ. ①减… Ⅱ. ①苏… ②纪… ③张… Ⅲ. ①沙拉－菜谱 Ⅳ. ①TS972.118

中国版本图书馆CIP数据核字(2019)第048972号

策划编辑：白　兰
责任编辑：张瑞喜
印　　刷：中国电影出版社印刷厂
装　　订：中国电影出版社印刷厂
出版发行：电子工业出版社
　　　　　北京市海淀区万寿路 173 信箱　邮编：100036
开　　本：787×1092　1/16　印张：13　字数：269 千字
版　　次：2019 年 3 月第 1 版
印　　次：2019 年 3 月第 1 次印刷
定　　价：68.00 元